プラスチックの表面処理と接着

小川俊夫［著］

共立出版

まえがき

　ドイツのH. Staudingerが高分子説を提唱して以来，すでに90年が経過し，高分子も鉄のようにすっかり世間に定着した材料になってきた．高分子ということを意識すると非常に広い分野をカバーすることになる．しかし，工業的見地からすれば，高分子の大半はプラスチックとしての使い方である．自動車を代表とする輸送機械，電子部品，食品等の包装材料などとして高分子を使うには，ある程度要求性能を満たした上で安価なことが必須条件である．

　そうなるとポリエチレン，ポリプロピレン，ポリ塩化ビニル，ポリスチレン，ポリエチレンテレフタレート，ポリカーボネート，ABS樹脂，いくつかの熱硬化性樹脂などといったプラスチックに限定される．もし単独で使用性能を満たせなければ，複合化することである．金属とプラスチックまたはプラスチック同士の複合化である．複合化のために，ポリマーアロイの場合は相溶化材を使用するが，多くの場合接着剤を用いる．しかし，接着剤を用いても単純には接着しない材料が意外と多い．プラスチックの接着性を向上させるには，材料自身を改質することもあるが，それではコスト高になり，同じ材料を大量に消費するとき以外採用しない．多くの場合，プラスチックの表面処理で接着性の改善が成される．本書ではこの問題を扱ったものである．

　プラスチックの表面処理はコストのことを考えると，コロナ処理のような物理的処理が圧倒的に有利である．材料全体の性質はそのままにして表面のわずか数ナノメートルを変化させるというのが表面処理であり，それぞれ専用の装置を用いて実施される．表面処理でのポリマーの変化はあくまで化学的なものであるが，処理には専用の装置が用いられる．さらに，接着力が改善できたかどうかは剥離試験のような力学的性質の評価によって最終判断がなされる．

　表面処理の現象だけをいくら詳細に論じても工業的には完全ではない．このため，この分野はプラスチックの基礎研究とは思われず，高分子工学，電気工学，光工学，機械工学，成形工学などの多様な論文誌や解説書にその内容が発

まえがき

表されている．したがって，表面処理に対する見方は人により大きく異なる．発表も枚挙に暇がないほど多数に上るが，著者はできるだけ実用的な観点からそれら資料を選択して本書にまとめた．

　本書を執筆するに当たり，共立出版（株）の岩下孝男氏，瀬水勝良氏には大変ご無理を申し上げ，また，適切なアドバイスをいただいて出版に至った．これらの方々にここで深甚なる謝意を表したい．

　2016年6月

小川　俊夫

目　次

第 1 章　プラスチックの概要 ……………………………… *1*

第 2 章　接着の条件

2.1　間隙の充填 ……………………………………………………… *3*
2.2　ぬれ（表面張力） ……………………………………………… *5*
　　2.2.1　接触角と表面張力 ……………………………………… *5*
　　2.2.2　表面張力の測定 ………………………………………… *7*
　　2.2.3　接触角と表面組成 ……………………………………… *10*
2.3　接着力の発生 …………………………………………………… *12*
　　2.3.1　分子間力 ………………………………………………… *12*
　　　（1）　水素結合 ………………………………………………… *12*
　　　（2）　その他の相互作用 ……………………………………… *15*
　　　（3）　官能基 …………………………………………………… *17*
　　　（4）　接着のシミュレーション ……………………………… *19*
　　　（5）　溶解パラメータと接着力 ……………………………… *20*
　　　（6）　金属とプラスチックの接着 …………………………… *23*
　　2.3.2　化学結合力 ……………………………………………… *23*
2.4　接着の妨害因子 ………………………………………………… *24*

第 3 章　表面処理の基礎

3.1　表面処理の必要性 ……………………………………………… *27*
3.2　表面処理の概要 ………………………………………………… *29*
　　3.2.1　物理的方法 ……………………………………………… *29*
　　3.2.2　化学的方法 ……………………………………………… *30*

第 4 章　コロナ処理

4.1　概　要 …………………………………………………………… *33*

- 4.2 電極形状の影響 ………………………………………………………… 35
- 4.3 雰囲気湿度効果 ………………………………………………………… 39
- 4.4 吹き出し型コロナ処理機 ……………………………………………… 40
- 4.5 LDPE のコロナ処理 …………………………………………………… 40
- 4.6 処理効果の経時変化 …………………………………………………… 44
- 4.7 ポリプロピレン（PP）のコロナ処理 ………………………………… 46
- 4.8 不活性ガス中での PP のコロナ処理 ………………………………… 48
- 4.9 窒素雰囲気処理の機構 ………………………………………………… 53
- 4.10 ポリエチレンテレフタレート（PET）の処理 ……………………… 57
- 4.11 芳香族ポリイミド（PI）の処理 ……………………………………… 58
- 4.12 コロナ処理 PI フィルムの接着安定性 ……………………………… 61
- 4.13 エチレン・ビニルアセテート共重合体（EVA）のコロナ処理 …… 62

第5章　低圧プラズマ処理

- 5.1 ポリエチレンの処理 …………………………………………………… 66
- 5.2 ラジカルの生成 ………………………………………………………… 69
- 5.3 二酸化炭素雰囲気下での処理 ………………………………………… 72
- 5.4 塗料の付着性の改善 …………………………………………………… 76

第6章　大気圧プラズマ処理

- 6.1 概　要 …………………………………………………………………… 81
- 6.2 パルス放電による処理 ………………………………………………… 83
- 6.3 不活性ガス置換法 ……………………………………………………… 86
- 6.4 アーク放電方式大気圧プラズマ法 …………………………………… 88

第7章　紫外線処理

- 7.1 紫外線の発生と効果 …………………………………………………… 91
- 7.2 ポリオレフィンの処理 ………………………………………………… 92
- 7.3 エチレン・ビニルアセテート共重合体（EVA） …………………… 94
- 7.4 エンジニアリングプラスチック ……………………………………… 95

第 8 章　火炎処理

8.1　火炎処理の基礎 ··· *99*
8.2　ポリプロピレン成形物への応用 ······························· *101*
8.3　ポリエチレン（PE）への応用 ·································· *103*
8.4　表面処理と接着強度 ·· *104*
8.5　処理効果の経時変化 ·· *105*

第 9 章　シランカップリング剤

9.1　概　要 ··· *109*
9.2　芳香族ポリイミド（PI）フィルムの接着 ······················ *110*
9.3　シランカップリング剤水溶液の状態 ··························· *112*
9.4　シランカップリング剤重合体の接着に与える影響 ············ *114*
9.5　接着機構 ··· *115*

第 10 章　グラフト化

10.1　概　要 ·· *119*
10.2　グラフト化によるポリイミドの接着性向上 ·················· *121*
10.3　グラフト化によるポリオレフィンの接着 ····················· *123*
10.4　ポリプロピレンと鋼板のグラフト化による接着 ············· *124*

第 11 章　接着のための特殊技術

11.1　熱溶着とレーザー溶着 ··· *129*
11.2　熱溶着条件の影響 ·· *133*
11.3　溶剤接着 ·· *135*
11.4　プライマー処理による接着 ···································· *137*

付録　X線光電子分析法（XPS または ESCA） ···················· *141*
索　引 ··· *153*

第1章

プラスチックの概要

　高分子材料はプラスチック，ゴム，繊維，接着剤，塗料の5種類に大きく分けられる．プラスチックとは可塑性をもった材料ということであり，弾性をもったエラストマーと呼ばれる材料と区別される．エラストマーの代表的な材料はゴムである．高分子材料は通常我々が目にする高分子物質は合成物である．

　合成高分子の中での生産量の内訳は**図**1.1に示されるように，全体の70%がプラスチックである．したがって，高分子の接着の問題を考えるときにも主にプラスチックが対象になる．プラスチックはまた，熱可塑性プラスチックと熱硬化性プラスチックに分類されるが，使用割合は約10：1で熱可塑性樹脂の使用量が圧倒的に多い．熱可塑性樹脂は廉価でしかも成形加工が容易である．

　また，**表**1.1に示されるように，ポリエチレン（2種），ポリプロピレン，

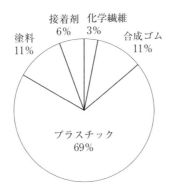

図1.1　日本における合成高分子の生産量内訳
（2014年）

第1章 プラスチックの概要

表 1.1 わが国の主な可塑性樹脂の生産量(2014年)

高分子名	生産量(万トン)
ポリエチレン	263.9
ポリスチレン	73.1
AS(アクリロニトリル・スチレン)樹脂	7.5
ABS(アクリロニトリル・ブタジエン・スチレン)樹脂	35.6
ポリプロピレン	234.8
石油樹脂	10.4
メタクリル樹脂	15.0
ポリビニルアルコール	22.5
ポリ塩化ビニル樹脂	147.7
ポリアミド系成形樹脂	22.8
フッ素樹脂	2.9
ポリカーボネート	30.4
ポリアセタール	11.6
ポリエチレンテレフタレート	46.3
ポリブチレンテレフタレート	17.4
ポリフェニレンサルファイド	3.8
合　　計	945.7

ポリスチレン,およびポリ塩化ビニルは熱可塑性樹脂全体の75%を占める.これらの樹脂は5大汎用樹脂とも呼ばれるが,特性が優れていて廉価なことから年々その使用割合が増加している.

ところで樹脂の使い方としては,ホモポリマー単独で用いられることはまれで,多くはポリマーアロイや共重合体の形で用いられている.また,金属板や無機粉末と複合化して用いることが圧倒的に多くなってきている.このため他の樹脂との相溶性や接着性が要求されるようになってきている.ところが5大汎用樹脂は極性が非常に小さいポリマーばかりで,接着や複合化には不向きな材料である.このため,何らかの処理をしてこれらの目的を達成することが必要である.その一つとして,成形物の表面処理が必要になってきている.

第 2 章 接着の条件

2.1 間隙の充填

二つの材料間で接着が起こるにはいくつかの要因が満たされねばならない．それをまとめたものが**表 2.1**である．まず，第 1 の条件が粘度の高い液体という想定で，両者間に相互作用が起こる程度まで接近することが必要であることを示している．固体表面には目に見えない凹凸が存在するため，粘度の高い液体を塗布するような場合，**図 2.1**のように空気を抱き込んでしまう恐れがある．

表 2.1 接着の条件

① 接着体が（流動して）間隙を充填する．
② 接着体と被接着体が十分に接触する（ぬれる）．
③ 接着体と被接着体の間に吸着（分子間結合）あるいは化学結合などの，物理的・化学的反応が進行する．
④ 接着体と被接着体が固化して一定の強度をもつ．

接着体は接着剤でなくともそれ自身が接着能力をもつものであればよい．

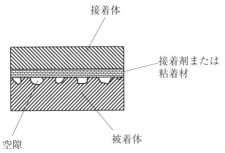

図 2.1 表面の凹凸あるいは空気の抱きこみによる空隙発生のモデル図

第 2 章　接着の条件

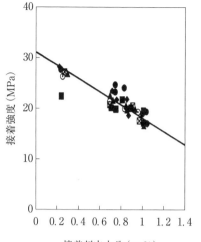

図 2.2　せん断強度が接着剤中の水分とともに減少

こうなると，接着剤と被着体がミクロ的に見るとまったく接していない箇所が続出することになる．こうなってしまうと，実際の接着力は真の値から大きく低下した値になってしまう可能性がある．

図 2.2 はニトリルゴムを含有したエポキシ樹脂を使って 2 枚の鋼板を接着し，せん断強度試験を行ったときの接着剤内水分と接着強度の関係[1]を示したものである．このときの接着は 180℃ で 40 分間かけて硬化させた．接着強度は明らかに水分の含量増加とともに低下していることがわかる．

実際の試験後の鋼板面を観察すると，図 2.3 に示されるように，接着剤内水分が 0.8% 以上になると，鋼板に接着剤が存在しない部分が増加していることがわかり，これがせん断強度の低下に繋がっていることがわかる．

この実験では 180℃ で硬化させているので，水分が気化して接着剤内に気泡を形成させて，これが強度低下をもたらしていることがわかる．水分の量からすればこの程度の気泡発生では済まないはずであるが，かなりの水分は気泡を形成せずに，接着剤外部に揮発したためと考えられる．

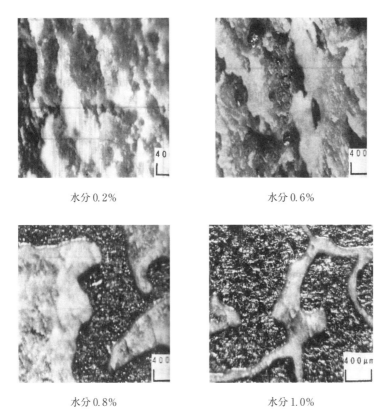

図 2.3 せん断試験後の鋼板接着面

2.2 ぬれ（表面張力）

2.2.1 接触角と表面張力

　接着する物質が被接着物質にぬれることが接着の必須条件の一つである．ぬれている状態，あるいはぬれている程度を表示する方法として，固体への液体の接触角が適切であることを提案したのは，Young である．ある固体に液体が完全にぬれた状態になれば固体表面全体に液体が広がる．Young は液滴が固体表面に置かれたときの状態を**図 2.4**の形としたとき，液体の表面張力と接

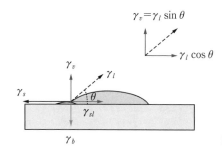

図 2.4　液体の接触角 θ と表面張力の関係

触角の関係を固体表面の力の関係から式（2.1）で示した．

$$\gamma_s = \gamma_l \cdot \cos\theta + \gamma_{sl} \tag{2.1}$$

ここに，γ_s は固体の表面張力，γ_l は液体の表面張力，γ_{sl} は固液界面張力．

固体表面の垂直方向の力学的関係は式（2.2）で示されるが，これについてはここでは活用することを考えない．

$$\gamma_b = \gamma_v = \gamma_l \cdot \sin\theta \tag{2.2}$$

液体が固体に完全にぬれるときには $\theta=0$ となる．このとき式（2.1）から固液界面張力もほぼゼロになるので，ぬれる液体の表面張力がそのまま固体の表面張力としてもおかしくない．このように近似した固体の表面張力を臨界表面張力と呼ぶことがある．完全にはぬれない場合は θ がゼロ以外の値をとることでぬれ性が評価される．θ が大きいほどぬれ性は悪いということを意味する．接着が良好に行われるためには，液体と固体が十分接触していなければならず，θ が小さい値でなければならない．いまここで固体と液体の形で示したが，固体同士でも同じことがいえる．

また，どちらが接着し，どちらが接着される側になるかで状況は変わってくる．たとえば，氷の上に鉱油を流すとぬれて，油が氷面に広がる．ところがローソクの成分（油）に覆われた固体表面に水を滴下してもあまりぬれず，水は広がらない．

ともかく，固体の表面張力が液体の表面張力に接近することが必要である．多くの有機液体については表面張力が求められている．有機液体については絶対的な表面張力の測定法で求めることができるが，固体にはそのような方法が存在しないので，表面張力の値のわかっている液体を用いて求められる．

2.2.2　表面張力の測定

　対象とするポリマーの概略の表面張力の値であれば化学便覧や Polymer Handbook に掲載されているので，それを見ればわかる．しかし，上述のように接着性を上げようとして，いろいろな表面処理を施したときの表面張力は自分で求めねばならない．このように，ぬれる程度を評価することは接着問題を考えるときに重要な項目の一つである．

　高分子の表面張力の測定によく用いられている方法を以下に紹介する．まず表面張力は単独の因子によって決まるのではなく，いろいろな成分が含まれていると考えられる．多くの研究者が表面張力の分割を試みた結果，式（2.3），式（2.4）が一般に受け入れられている．

$$\gamma_s = \gamma_s^d + \gamma_s^p \tag{2.3}$$

$$\gamma_l = \gamma_l^d + \gamma_l^p \tag{2.4}$$

ここで添え字 s, l はそれぞれ固体および液体を意味する．添え字 d, p はそれぞれ分散力成分および極性成分の寄与による表面張力であることを意味する．Fowks[3,4] によれば固体と液体が接するときの界面張力は分散力成分だけの寄与であれば式（2.5）で表せるとしている．この考えを極性成分まで拡張すれば，Owens[5] は界面張力が式（2.6）で表せるとした．

$$\gamma_{sl} = \gamma_s + \gamma_l - 2(\gamma_s^d \gamma_l^d)^{1/2} \tag{2.5}$$

$$\gamma_{sl} = \gamma_s + \gamma_l - 2(\gamma_s^d \gamma_l^d)^{1/2} - 2(\gamma_s^p \gamma_l^p)^{1/2} \tag{2.6}$$

これらの式では固体と液体が接したときの界面張力がそれぞれの表面張力の幾何平均で表されるとしている．これに至る過程では多くの議論があるが，式の展開の都合もあり，相互作用は二つの因子の幾何平均にするという考え方が物理化学の多くの分野で受け入れられている．式（2.6）を式（2.1）に代入すれば式（2.7）が得られる．

$$\gamma_l (1 + \cos \theta) = 2(\gamma_l^d \gamma_s^d)^{1/2} + 2(\gamma_l^p \gamma_s^p)^{1/2} \tag{2.7}$$

式（2.7）を変形すれば式（2.8）が得られる．

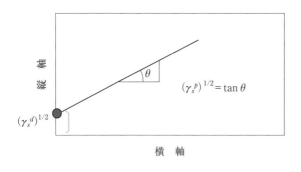

図 2.5 式 (2.8) を使った固体の表面張力の求め方

$$\frac{\gamma_l(1+\cos\theta)}{2(\gamma_l^d)^{1/2}}=(\gamma_s^p)^{1/2}\left(\frac{\gamma_l^p}{\gamma_l^d}\right)^{1/2}+(\gamma_s^d)^{1/2} \quad (2.8)$$

式 (2.8) から実際に値のわかる左辺を縦軸と右辺の第1項の部分を横軸に取れば直線関係が得られるはずであるので，そこから γ_s^p, γ_s^d が求められる．これらの値から固体の表面張力は式 (2.3) から得られる．この関係を模式的に示したのが**図 2.5**である．実際にこの方法を実施するにはいくつかの液体についての表面張力とその分散力成分と極性成分に由来する表面張力がわからなければならない．

これらの値についてはかなりの有機液体について知られており具体的な値を**表 2.2**に示す．文献ではエネルギー（mJ/m²）で表示されているが，ここでは表面張力（mN/m）で示している．なぜならば，左右同一な平面を考えたときの表面エネルギーは線上に考えた表面張力と単位だけ異なって数値は同じだからである．

実際に式 (2.8) を適用してみると，実験点が完全な直線上に載らないことが多いが直線近似で値を求める．これは式 (2.8) を誘導する際，いくつかの仮定を置いているのでやむを得ない．またこの方法で得られる表面張力は溶融体の表面張力を室温まで外挿して求める表面張力よりも，低い値が得られるようである．

上述した方法は面倒ではあるが，表面張力の理論的根拠がある．実用的には「ぬれ試薬」というものが市販されており，これを用いると数値に幅があるが表面張力を容易に求めることができる．日本では和光純薬（株）から 22〜73 mN/m，また，ドイツのケー・ブラッシュ商会から 30〜105 mN/m の範囲

2.2 ぬれ（表面張力）

表2.2 有機化合物の表面張力（25℃）

化合物名	γ_l	γ_l^d	γ_l^p
水	72.2	22.0	50.2
グリセリン	64.0	34.0	30.0
フォルミアミド	58.3	32.3	26.0
ジヨードメタン	50.0	48.5	2.3
エチレングリコール	48.3	29.3	19.0
1-ブロモナフタレン	44.6	44.6	0.0
ジメチルスルホキシド	43.6	34.9	8.7
トリクレジルホスフェイト	40.7	36.2	4.5
ピリジン	38.0	37.2	0.8
ジメチルフォルムアミド	37.3	32.4	4.9
ポリグリコール E-200	43.5	28.2	15.3
ポリグリコール 15-200	36.6	26.0	10.6
2-エトキシエタノール	28.6	23.6	5.0
ヘキサデカン	27.6	27.6	0.0
テトラデカン	26.7	26.7	0.0
ドデカン	25.4	25.4	0.0
n-デカン	23.9	23.9	0.0
n-オクタン	21.8	21.8	0.0
n-ヘキサン	18.4	18.4	0.0

文献では表面エネルギー（mJ/m²）で記載されているが，ここではそのまま表面張力（mN/m）とした．
（A.J. Kinloch, Adhesion and Adhesives, Chapman and Hall, London, 1987, Chapter 2.）

のぬれ試薬が市販されている．測定の詳細は JIS K 6768 に記述されているが，一例を挙げれば図2.6のようなぬれ状態が起きたら，(a) になったときのぬれ試薬の数値を試料の表面張力と決める．

　また，ポリエチレン，ポリプロピレン，ポリエチレンテレフタレート等に対して表面処理した後，水の接触角と表面張力を求めた例がある．そして両者の関係をプロットすると図2.7のような直線関係[8]が得られている．データはややばらついているが，この関係を利用すれば水の接触角を測定するだけで，処理後の表面張力が推定できることになる．関係式は式 (2.9) で示される．処理効果を検証するには水のぬれ状態を観察すれば十分であるともいえるが，表面張力という概念の中で議論するにはこのような式を利用することも意味があろう．

$$\gamma_s = 21.4 \cdot \cos\theta + 32.3 \qquad (2.9)$$

第 2 章　接着の条件

 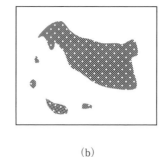

(a)　　　　　　　　　　　　(b)

図 2.6　処理面にぬれ試薬を塗布したときの広がり状態
(a) このような状態のぬれ試薬の指数をもって試料の値とする
　　（≒表面張力）
(b) まだぬれた状態ではないので，ぬれ指数のより低い試薬を
　　塗布して，(a) の状態になるぬれ試薬を決定する

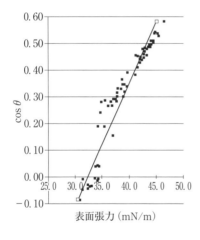

表面張力 (mN/m)

図 2.7　ポリオレフィンに対する水の接触角と表面張力の関係

2.2.3　接触角と表面組成

　Young が表面の接触角や表面張力の関係を提出したのは 19 世紀初頭であるから，分子，原子の概念はあまり明瞭でなく，巨視的な意味で力学的関係を提示したに過ぎない．しかし，現在ではぬれや接着の現象は原子間の相互作用であることがわかっている．そこで，ここでは接触角というものが，元素の存在とどうかかわっているかについて記述する．試料としてポリプロピレンとその

2.2 ぬれ（表面張力）

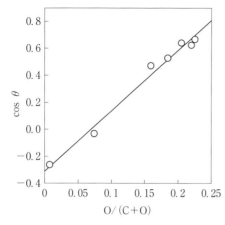
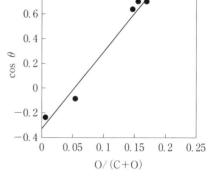

図 2.8 水の接触角と表面酸素割合との関係（エチレンプロピレン共重合体）

図 2.9 水の接触角と表面酸素量の関係（ポリプロピレンホモポリマー）

共重合体について低圧プラズマ処理を行い，水の接触角と表面の酸素量をX線光電子分析法（XPS）で定量した．そして，両者の関係をプロットしたところ，図2.8，図2.9のようになり，それぞれ式（2.10），（2.11）の関係が得られ，水の接触角は表面酸素量とともに増加する[8]ことが明らかとなった．

$$\cos \theta = 4.25 \cdot x - 0.30 \quad (2.10)$$

$$\cos \theta = 6.40 \cdot x - 0.30 \quad (2.11)$$

次にこれらの係数について考察する．表面エネルギーをもった物質を二つに分けるときのエネルギー ΔG はYoungの式がエネルギー関係でも成立するので，式（2.12）で与えられる．ある液体が個体に完全にはぬれていない場合を考えると，これを二つに分離するとき，ぬれていない部分は分離に関係しないので，ぬれている割合を α とするとこのときの分離のエネルギー ΔG は式（2.13）[9]で与えられる．

$$\Delta G = \gamma_l \cdot (\cos \theta + 1) \quad (2.12)$$

$$\Delta G = 2\alpha \gamma_l \quad (2.13)$$

式（2.12），（2.13）は同じことを意味しているので，これらから式（2.14）が得られる．

$$\cos \theta = 2\alpha - 1 \quad (2.14)$$

式 (2.11), (2.14) より式 (2.15) が与えられる.

$$\alpha = 2.1x + 0.35 \quad (2.15)$$

式 (2.12), (2.14) からは式 (2.16) が与えられる.

$$\alpha = 3.1x + 0.35 \quad (2.16)$$

式 (2.15), (2.16) から以下の式が得られる.

$$\frac{d\alpha}{dx} = 2.1$$

$$\frac{d\alpha}{dx} = 3.1$$

これらの結果は表面処理によって酸素が表面に付加すると，表面のぬれの増加割合は 2～3 倍の速度で増加することを意味する．つまり，表面の 30～50％ が酸素に覆われると，ポリプロピレンは完全にぬれた状態になることを物語っている．このようにぬれと表面組成は密接に関係している．

2.3 接着力の発生

2.3.1 分子間力

(1) 水素結合

高分子化合物を対象とした接着の問題では，イオン結合や金属結合に関係した話は通常扱わない．接着を考えるとき二つの物体間に働く力の大半は水素結合であるといわれているので，これについてまず記述する．水分子は質量が 18 でアンモニアは 17，メタンは 16 で三者の間に質量にほとんど違いがないのに，沸点はそれぞれ 100℃, -33.3℃, -161.6℃ と大きな違いがあるのは，分子間力に由来する．

特に水分子中の水素は原子核の質量が小さいため，酸素原子側に電子が引き寄せられて，水素が正，酸素が負に帯電する形になっている．このため，水分子同士に強い分子間力が働く結果，水分子の沸点が異常に高い値になっている．このときの水素の電荷の偏りが原因で力が発生していることから，この現象を水素結合と呼んでいる．

有機高分子は C, H, O, S, N 程度の元素でほとんど構成されているので，こ

れに関わる接着では水素結合が最も重要な役割を果たしている．通常電荷と電荷の間に働く力ないしはエネルギー（ポテンシャル）はクーロン力ないしはクーロンエネルギーと呼ばれる．水のような系での水素結合の場合関係が複雑であるが，相互作用エネルギーは $1/r^2$ に比例するとされている（r は電荷間距離）．したがって，相互作用力はエネルギーに関して距離で微分した値であるから，$1/r^3$ に比例する．一方，原子同士が接近すると斥力が働いて反発する．この斥力の相互作用エネルギーへの寄与は，$1/r^{12}$ に比例するとされている．したがって，相互作用力は $1/r^{13}$ に比例する．これらを総合すると，フリーな状態をゼロと考えたポテンシャル W は式（2.17）で，相互作用力 F は式（2.18）で表せる．

$$W = -\frac{A}{r^2} + \frac{B}{r^{12}} \tag{2.17}$$

$$F = \frac{dW}{dr} = \frac{2A}{r^3} - \frac{12B}{r^{13}} \tag{2.18}$$

ここに，A，B は定数である．ここではイスラエルアチヴァリ[10]の考えに従って，相互作用引力項を $1/r^2$ に比例するとした．

しかし，有機化合物での水素結合は水分子の集合体と異なり，それぞれ単独で存在するので，引力項は $1/r^2$ ではなくて，$1/r$ に比例するとしてクーロンポテンシャルと同じに考えて差し支えないと思われる．水素結合以外の分子間力の多くの引力項は $1/r^6$ に比例する．この引力項の違いによって水素結合だけが遠距離でも相互作用が働くことを意味する．

図 2.10，図 2.11 に示されるように，化学結合よりも少し距離の離れた所でポテンシャルが一番低くなり，また分子間力はそれより少し離れた距離のところで最大になるが，その 2 倍ほど離れた位置でも分子間力が働いていることを示している．なお，図 2.10，図 2.11 の横軸は原子間距離を示し，一応 Å の単位を表示している．図 2.11 の縦軸はエネルギーで正確な単位はわからないが，J/mole または J/m² で表現できる量で，数値はその相対的な大きさを示し，絶対値ではない．図 2.12 の縦軸は N/mole または N/m² の単位で表されるべきであるが，ここでは相対量である．

第2章　接着の条件

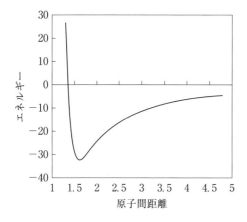

図 2.10　水素結合のポテンシャル曲線（式 (2.17) において，A=200，$B=2000$ と仮定）

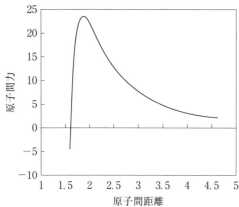

図 2.11　原子間力曲線（図 2.10 と同じ仮定の下に計算）

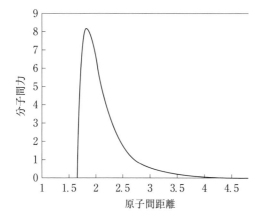

図 2.12　その他の相互作用の分子間力（表 2.3 参照）

(2) その他の相互作用

接着の問題を考えるときの材料と材料の間に働く分子間力は水素結合でほとんど説明できることを後述するが，とりあえず水素結合力以外にどのような力が存在するか述べてみたい．これについては，いろいろな分類法があり定まってはいないが，イスラエルアチヴィリ（Israelachvili）の考え[10]でまとめれば，表2.3のようになる．

よく出てくる言葉に双極子があるが，これは電子の偏りにより一方に電荷が生ずれば分子内の他の一方にかならずそれに対応する逆の電荷を生ずるので両者を考えて双極子と呼ばれている．これらの力は通常の有機分子では水素結合に比べて現象的にはるかに弱い力である．水素結合以外の相互作用効果は $1/r^{5\sim7}$ に比例する関係が多く，距離が遠ざかるとともに，急激に影響がなくなってくる．したがって，その点からも水素結合ほどの接着への影響はないと考えられる．

この相互作用に対応するポテンシャルと分子間力は代表的なものとして，式(2.19)，(2.20)で示される．式(2.20)の場合における曲線は図2.12に示される．図2.10と比較してみると，原子間距離の増加とともに急激に相互作用が弱まってくることがわかる．

$$W = -\frac{A'}{r^6} + \frac{B'}{r^{12}} \tag{2.19}$$

$$F = +\frac{6A'}{r^7} - \frac{12B'}{r^{13}} \tag{2.20}$$

ただ，接着剤を使った接着のほとんどは，水素結合で説明できるにしても，ヒートシール，ゲル接着，レーザー溶着というような方法による接着は水素結合ではない．これらの方法について少し触れてみたい．ヒートシールは熱圧着

表2.3 水素結合力以外の分子間力

総合作用の型	力の原子間距離との関係（引力項，比例）
電荷-双極子	$1/r^3$ または $1/r^5$
電荷-無極性	$1/r^5$
双極子-双極子	$1/r^4$ または $1/r^7$
双極子-無極性	$1/r^7$
無極性分子同士	$1/r^7$ （London分散力）

とも呼ばれ，ポリエチレン袋の接着では非常に頻繁に行われている方法で，加熱することによって2枚のフィルムを瞬時に溶解させて接着するものである．この場合，接着剤をまったく用いていない上，ポリエチレンには水素結合に関係する官能基は存在しない．また，電荷の偏りも数パーセントに過ぎず双極子もきわめて小さな値である．そうなると2個の無極性分子だけでも力が働くLondon力[11]あるいは分散力と呼ばれる力が接着に大きな役割を果たしていることがわかる．このような場合の接着力は分子同士の絡み合いの程度に依存する．

図2.13はポリエチレン同士を熱圧着[12]したものであるが，分子量の大きな場合ほど絡み合いの程度が進行して，接着力が増加することがわかる．ゲル接着[14]やレーザー溶着[15]も無極性のポリオレフィン同士を接着剤なしで接着できるが，これも原理的にはヒートシールと同じである．

レーザー溶着の模式図を**図2.14**に示すように，レーザー光によって加熱されることによって，二つの材料が絡み合い，接着力が生ずる．厚い材料で接着剤不要であるので，汚染が気になる医用材料などではこの方法がよく用いられている．ここで述べる相互作用が単独に存在して，面と面が単純に接する接着ではあまり機能しない．溶融などの方法により高分子同士が絡み合う状況が生まれないと，ここに述べる相互作用は接着の観点からはあまり意味をもたない．ちなみに，ポリエチレンのような高分子の破壊（破断）はほとんどが分子

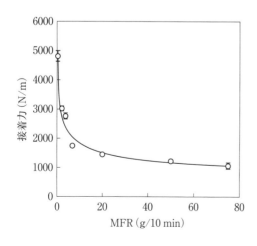

図2.13　低密度ポリエチレン同士を熱圧着したときの接着力
MFR：溶融体の流動速度であり，分子量が小さいほど大きな値になる（JIS K 7210）．
分子量の対数値はMFRの対数値と負の直線関係[13]にある経験則がある．
接着力は180℃剥離試験によって求めた．

2.3 接着力の発生

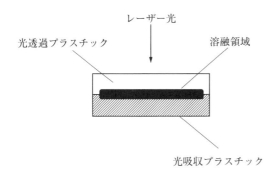

図 2.14 半導体レーザーによる樹脂の溶着
（下側のプラスチックには何らかの光吸収材が添加されて光吸収プラスチックにされねばならない）

同士の絡み合いのほぐれる現象である．つまり，分子間力の関わる破壊であって，共有結合が破壊されるわけではない．

これらの相互作用はファンデルワールス力とも呼ばれることがあるが，彼が分子間力を考慮して気体の状態方程式を提出したのは1873年であるので，分子間力の考え方も熟していなかった．その意味で，ファンデルワールス力という名称はあいまいであり，表2.3のように分類して水素結合以外の相互作用を示す方が適切であると思われる．また，これらは煩雑であるので，分子間力の別の分類もあり，それについてはシミュレーションの節で述べたい．

(3) 官能基

多くの接着力は水素結合を主としていることを述べてきたが，水素結合の程度は官能基の種類によって異なるはずである．しかし，官能基の種類によって水素結合の起こる程度はどのように違うのか，あまり考察されていない．水素結合は電荷の偏りによって発生するもので，特に水素は原子量が小さいために電荷の偏りが大きい．電荷の偏りの程度がわかれば，水素結合の程度を予測できる．著者はそこでStewartが開発した半経験的な分子軌道計算法[16]であるMOPACを用いて，電荷の偏りを計算した．計算結果の例を**図2.15～2.17**に示す．ポリプロピレンでは水素が若干正に帯電し，炭素が負に帯電していることがわかる．別の分子に接する外部には水素が主に接することになるが，この場合電子の偏りによる効果は非常に小さい．なお，ここで電子の偏りがまったくない共有結合になっていれば，電荷ユニットはゼロの値をもつはずである．水酸基やカルボキシル基では酸素はかなり負に帯電し，官能基末端の水素は正の値を示し，これらの官能基は強い水素結合を示す可能性を示唆している．

第2章　接着の条件

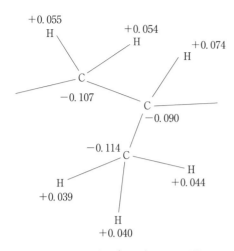

図 2.15　ポリプロピレン各原子の電荷（電荷ユニット）

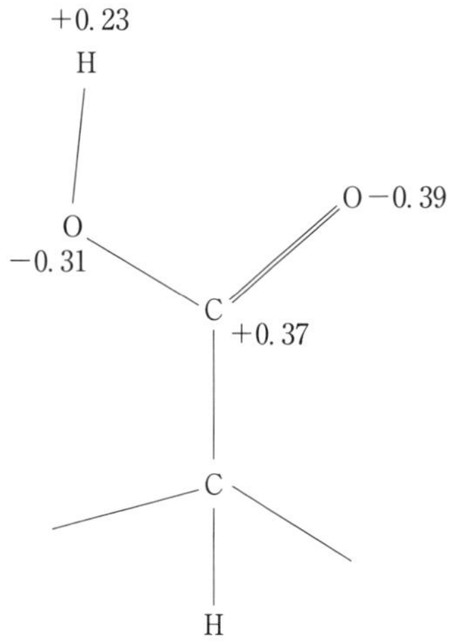

図 2.16　カルボキシル基各原子の電荷

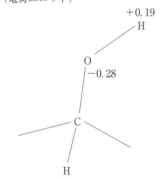

図 2.17　水酸基各原子の電荷

　無論水素結合をして強固な接着が行われるためには，水素結合を起こす原子同士が接近しなければならないので，分子同士の立体的な配置も重要である．たとえば，ナイロンは非常に接着力があり，逆に成形などでは金型に樹脂が接着しやすくなり苦労するが，これは隣接するアミノ基とカルボニル基が立体的に同時に水素結合に関与できるためと考えられる．
　ところで，官能基は炭素，水素，酸素だけで成り立つわけではない．電荷の偏りという点で酸素以外の元素を含む官能基はどうであろうか．図 2.18 は我々が通常接する官能基について同様な計算を行った結果である．硫黄やリン

2.3 接着力の発生

$-OSO_3H > -SO_3H > -SO_2- > -PO_4H > -NO_2$

$-COOH > -COOR > -OH >> C=O > -CHO > -CONH_2$

$-CONH- > -CH_2OCH_3 > -C\equiv N > -NH_2 > -SH$

$> -F, -Cl, -Br, -I$

図 2.18 分子軌道法によって計算された官能基の極性序列

を含む官能基は酸素だけを含む官能基よりも，大きな極性を示す．したがって，これらの官能基が容易に作成できれば，接着にはよい効果をもたらすことが期待できる．

金属ではリン酸基を含む表面処理は接着に効果的なことがわかっているが，水素結合の観点からもうなずける．ハロゲンはいずれの元素もあまり大きな電荷の偏りは期待できない．

(4) 接着のシミュレーション

それにしてもいろいろな分子間力があり，それが具体的に接着にどの程度関係しているか気になるところである．これに関しては計算に頼るしかないが，南崎ら[17,18)]は分子間に働く力を密度汎関数法というシミュレーションによって考察した．

彼らは分子間相互作用を，静電項，分極項，電荷移動項，交換斥力項の 4 項目に分けた．このうち電荷移動項は化学結合性を示すもので，イスラエルアチヴァリの分類では現れていない項である．ただ，通常の高分子の接着を考える場合は結果的にあまり大きな因子ではない．静電項は水素結合力と配向力に対応する．分極項は誘起力や分散力（London 力）に対応する．交換斥力は前述の $1/r^{13}$ に比例する項と考えてよかろう．それぞれの項の接着エネルギーへの寄与の程度を示した結果が**図 2.19** である．

ここではポリプロピレンとメラミン樹脂を被着体としてブチルアクリレート（BA），アクリル酸（AA），およびアクリロイルモルフォリン（ACMO）を接着体（**図 2.20**）とした場合の接着のエネルギーを求めている．ポリプロピレンは極性がきわめて小さいので，たとえ極性の化合物が接近してきても，静電的な効果よりも誘起力による影響の方が大きい．

第2章　接着の条件

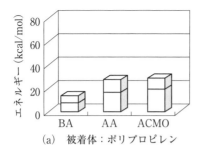
(a)　被着体：ポリプロピレン

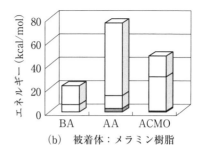
(b)　被着体：メラミン樹脂

図 2.19　接着のエネルギーへの各因子（項）の寄与の程度
（棒グラフ中の下側：電荷移動項，中：分極項，上：静電項）

BA　　　　　　$CH_3-CH_2-\overset{\overset{O}{\parallel}}{C}-O-(CH_2)_3-CH_3$

AA　　　　　　$\underset{CH_2=CH}{\overset{\overset{O}{\parallel}}{C}-OH}$

ACMO　　　　　$CH_3-CH_2-\overset{\overset{O}{\parallel}}{C}-N\underset{}{\bigcirc}O$

図 2.20　被着体の分子構造

　ところが，メラミン樹脂では極性をもった樹脂であるので，静電項の寄与が大きく，さらにアクリル酸のようなカルボキシル基をもった場合では接着エネルギーも非常に大きな値になることがわかる．このようにシミュレーションにおいても接着には水素結合が有力な役割を果たしていることを示している．

(5)　溶解パラメータと接着力

　接着の条件では接着する液体が被着材をよくぬらすことが接着に重要であることを述べてきた．しかし，ぬれたからといって，接着強度が最大になるかどうかについてはわからない．たとえば接着の仕事という考え方では，十分ぬれた状態つまり材料の臨界表面張力と同じ接着剤を持ってきても，そのときの接着の仕事が最大になるのではなくて，臨界表面張力よりもかなり大きな表面張

力の接着剤[19,20)]でないと，接着の仕事は最大にならない．また，接着の仕事を表面エネルギーから推定すると，あまりにも小さな値になってしまって，実測値からかけ離れていることが知られている．このように表面張力の概念だけから，接着力を説明することは現状では難しい．

ところで，接着は多くの場合分子間力の問題である．分子間力に関係した言葉で，分子同士の凝集力もほぼ同じ意味をもっている．これは単一の分子状態で存在している気体から液体になるときの分子同士の凝集力だとされている．エネルギーの表現ではこれを凝集エネルギーと呼んでいる．接着が強固になるためには，凝集力あるいは凝集エネルギーが大きいときと考えることもできる．凝集エネルギーを扱う分野に溶解性を論じた溶解パラメータという概念がある．二つの化合物が完全溶解するには式（2.21）に示される溶解の自由エネルギー ΔF が負でなければならない．

$$\Delta F = \Delta H - T \cdot \Delta S \qquad (2.21)$$

ここに ΔS は溶解のエントロピー，ΔH は溶解のエンタルピー，T は絶対温度である．ΔS は常に正であるので，ΔH がゼロまたは負であれば二つの化合物は溶解する．ところで，ΔH は溶解パラメータ δ と式（2.22）のように関係づけられる．

$$\Delta H = K(\delta_1 - \delta_2)^2 \qquad (2.22)$$

ここに，K は体積の関数で常に正であり，添え字は成分 1 と 2 を意味する．このことから二つの化合物の溶解パラメータの値が一致すれば式（2.21）の自由エネルギーは必ず負になる．また，このときは二つの化合物は完全に溶解するので，分子間相互作用も十分な状態になるはずである．

このような考えの基にポリエチレンテレフタレート（PET）同士をいろいろな溶解パラメータの接着剤で接着した後，剥離強度を測定した例[21)]が**図 2.21**である．

いろいろな接着剤を PET フィルム上に塗布した．水ないし溶媒を揮発させた後150℃付近で15-30分圧着した後 5 cm/min の速度で 90°剥離試験を行った．接着剤の溶解パラメータは各種の方法で慎重に求めている．PET の溶解パラメータもフィルムの膨潤実験ではあまり芳しい結果が得られなかったの

第2章　接着の条件

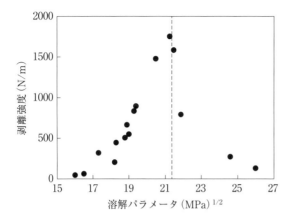

図 2.21　PET/接着剤/PET の系における剥離強度と溶解パラメータ（接着剤）の関係
---- PET の溶解パラメータ

で，ジメチルフタレートを使って溶解パラメータを求めていて，全体にかなり注意深く行った実験結果である．

この結果を見ると，PET の溶解パラメータに近い接着剤が最も強い剥離強度を示している．このことから，接着剤と材料の溶解パラメータを一致させるようにすることが接着力を上げる有力な方法といえる．実際に材料1と材料2を接着剤で接着させるとなると二つの材料の溶解パラメータに近い接着剤を選ぶ必要がある．ともかくも接着力を上げるには凝集エネルギーという概念にも注目する必要があることは確実である．

これまでの議論ではエントロピー項について触れなかったが，この値はΔHと比べると相対的に小さく変動幅も小さいので，相溶性などを論ずるときはΔHだけを考えてもそれほどの狂いはない．なお，文献上の縦軸，横軸の表示が現在では適切とは思われなかったので，図 2.21 では著者が現在使われている単位に変更して表示している．溶解パラメータは測定法によってはかなり変動することがあり，Polymer Handbook でも，一つのポリマーに対していくつもの値が掲載されている．

なお，溶解パラメータは分子を粒子と考えて，粒子と粒子の相互作用を考えたものである．一方，接着は分子の特定の箇所の官能基に注目して，官能基同士の相互作用に注目した考え方である．このため両者には関連性はあるにしても，定量的な関係までは期待できない．図 2.21 は相関性がよく取れた例であって，いつもこのような関係になるとは限らない．そうではあるが，溶解パラ

メータも接着を論ずるときには配慮すると有益な場合があるということを覚えておくとよい．

(6) 金属とプラスチックの接着

これまでは，有機材料同士の接着に注目してきた．金属とプラスチックの接着については表面処理の章でも述べるが，ここでも若干触れておきたい．接着する相手が金属であっても，プラスチックの場合と原則変わらない．金属は切断されて空気中にさらされない場合は表面の活性が非常に高く，表面張力は 1000 mN/m にも達するといわれているが，現実に大気中で扱う金属表面は表面張力もプラスチックからあまり離れた値ではない．

これは，金属表面はきわめて汚染されやすく，いわば我々は汚染された表面との接着を扱っているといってよい．また，多くの場合水酸基などの官能基が表面に存在するので，それを介した接着になっている可能性が高い．また，接着における金属の特徴は表面粗さが問題になることが多い．プラスチックの表面粗さは凹凸が大きくとも，凹凸の勾配が小さいので，接着力への寄与が小さいが，金属ではきわめてシャープな凹凸が発生するのが特徴であるので，官能基効果だけで接着力を論ずるには無理がある場合がある．

2.3.2 化学結合力

我々が通常扱う接着は主に水素結合を成立させることである．水素結合エネルギーは約 2 kcal/mol であるが，C−C 結合のエネルギーは約 350 kcal/mol もある．つまり，化学結合は水素結合の 170 倍の強度があることが期待される．また，結合力をエネルギーで評価するのは適当でないとするならば，実際の強度で考えてみると，ポリエチレンフィルムの破断強度は高々 50 MPa である．ところが，繊維化して分子を平行に並べて分子間力の破壊でないように工夫すれば，21 GPa の強度があるといわれている．実際超高分子量ポリエチレン繊維では 3.5 GPa の値が得られている．

超高分子量ポリエチレン繊維でも純粋な化学結合の破断にはなっていないと思われるが，ともかく化学結合が起これば桁違いに接着強度は大きくなる．したがって，ほんの一部だけでも化学結合による接着が起これば非常に大きな接着力が得られるはずである．無論この場合はぬれるというような話とは別個の

ことである．

　官能基がまったくない所に化学結合を起こさせるには，何らかの表面処理が必要である．しかし，多くのプラスチックでは末端基や未反応の官能基が高分子鎖内に残存していることが多い．これに対して化学結合を起こさせることが可能である．その一つにシランカップリング剤がある．シランカップリング剤は，水溶液中では加水分解を起こす．このためシランカップリング剤は被着体の官能基と反応して化学結合を形成する．一方の末端で別の材料と結合して接着が行われる．他の例ではイソシアネート基をもった化合物の使用である．被着体に何らかの官能基があると，それと化学結合する．この他にエポキシ基をもった化合物も同様な考えで化学結合が形成される可能性がある．これらの具体例については，表面処理の章で述べたい．

2.4　接着の妨害因子

　材料表面に官能基が存在してこれが水素結合ないしは化学結合すれば接着力が生ずる．しかし，官能基が存在する面そのものがもろい材料であると，官能基の相互作用は生じても，もろい材料自身が破壊されて，見かけ上接着が生じないような現象になる．この脆弱層は Weak Boundary Layer（WBL）とも呼ばれ，いろいろな材料に存在する．

　たとえば，金属では図 2.22 のように表面に酸化層が存在して，これが脆いと接着力が改善されない．図 2.23 は光った鋼板について X 線光電子分析法（XPS）によってアルゴンエッチングして深さ方向の組成変化を調べた図である．

　外見上脱脂したきれいな鋼板にもかかわらず，最表面は 80 atom％が炭素に覆われていて，鉄元素はきわめて少ないことに驚く．なお，横軸はエッチング時間であるので，どの程度の深さまでが正確かはわからないが，少なくとも数十ナノメータの深さに達しないと，鉄成分が主体の層には至らないことに驚く．

　プラスチックでは金属表面ほど顕著な脆弱層は存在しないが，たとえば高圧法で製造された低密度ポリエチレン（LDPE）は分子量分布が非常に広い．この場合平均分子量が 5 万であっても，分子量数百の分子も存在する．フィルム

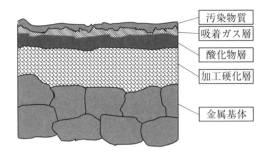

図 2.22　金属の表面状態

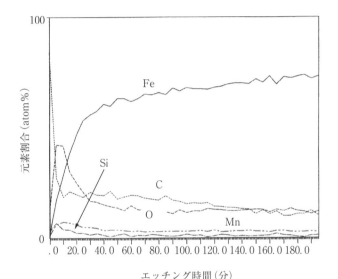

図 2.23　鉄板の深さ方向元素分布

が溶融法で製造される場合，低分子物は同時に固化せずフィルム表面に移動してきて残存する．低分子物はたとえばローソクのようなものであるので，強度がほとんどなく，接着力低下の原因になる．

　また，多くのプラスチックには酸化防止剤や紫外線吸収剤などの添加剤が加えられている．これらは，プラスチックとは相溶性がないのが普通である．このためフィルムや成形物の製造段階で表面に浮き出てきて接着の妨害因子となる．日常これは添加剤がブリード（bleed）するというような言葉で表現されている現象である．またある時にはあまりに過酷な表面処理をすると，酸化さ

れた低分子化合物が表面に大量に生成されて，これが接着力を弱めることが考えられる．このようにプラスチック表面に何らかの異物が存在すると，接触角などから見かけ上十分な接着力があるように見えても，目的が達成されないことがあるので，注意する必要がある．

〈参考文献〉

1) 小川俊夫，竹之内哲夫，本郷昌彦，大澤　敏：日本接着学会誌，**33**，169（1998）
2) T. Young：Philos. Trans. Roy. Soc., London, **95**, 65（1805）
3) F.M. Fowkes：J. Phys. Chem., **67**, 2538（1963）
4) F. M. Fowkes：Ind. Eng. Chem., **56**, 40（1964）
5) D. K. Owens, R.C. Wendt：J. Appl. Polym. Sci., **13**, 1741（1969）
6) A. J. Kinloch：Adhesion and Adhesive, Chapman and Hall；London, 1987；Chapter 2
7) M. Blitshteyn：TAPPI Proc. Polym., Laminations Coat. Conf., 189（1994）
8) 小川俊夫，丹野智明：日本接着学会誌，**30**，108（1994）
9) 岡部平八郎：界面工学，p.56，共立出版（1986）
10) J. N. Israelachvili：分子間力と表面力，(Intermolecular and surface forces)，第2版，近藤保，大島広行訳，朝倉書店（2003）
11) F. London：Trans. Faraday Soc., **33**, 8（193'）
12) 小川俊夫，佐藤智之，大沢敏：日本接着学会誌，**41**，4（2005）
13) 小川俊夫，戸田稔：材料，**41**,195（1992）
14) 藤松仁：塗工・塗膜における密着・接着性の制御とその評価，技術情報協会編，第2章，第4節，技術情報協会（2005）
15) 黒崎晏夫：レーザー協会誌，**34**，No.2，1（2009）
16) たとえば J. J. Stewart：J. Comp. Chem., **10**, 209（1989）
17) 南崎喜博，田中良和，小林金也：日本接着学会誌，**40**，282（2004）
18) 南崎喜博，小林金也：接着，**48**，211（2004）
19) W. A. Zisman, Ind. Eng. Chem., **55**, 18（1963）
20) 小川俊夫：工学技術者の高分子材料入門，p.82，共立出版（2011），初版7刷
21) Y. Iyengar, D. E. Erckson：J. Appl. Polym. Sci., **11**, 2311（1967）

第3章

表面処理の基礎

3.1 表面処理の必要性

　前章で接着の条件として，接着剤あるいは接着する材料が，被接着材料にぬれることが必要であることを述べてきた．それでは，どのようにそのような接着剤あるいは材料を選べばよいかである．これに関連してZisman[1]はぬらす液体の表面張力γと接触角θの余弦，すなわち，$\cos\theta$をプロットしたところ，この間にほぼ直線の関係があることを示した．

　この事実は，多くの研究者によって確認されている．Zismanの示した図はやや雑であるので，Neumann[2]が求めたポリエチレンテレフタレートについてのプロットを**図 3.1**に示す．使用した液体の表面張力と$\cos\theta$の関係はほぼ直線であることがわかる．Youngの表面張力に関する式 (3.1) を変形すると式 (3.2) のように表せる．この式から考えると，$\cos\theta$とγ_l

$$\cos\theta = \frac{\gamma_s - \gamma_{sl}}{\gamma_l} \tag{3.1}$$

の関係が直線関係にあるとは想像し難いが，実験事実は，しかし，ほぼ直線の関係にあることを示している．

$$\cos\theta = -1 + 2\cdot\left(\frac{\gamma_s}{\gamma_l}\right)^{1/2}\cdot\exp\{-1.247\cdot 10^{-4}\cdot(\gamma_l-\gamma_s)^2\} \tag{3.2}$$

式 (3.2) はポリエチレンテレフタレートに対して得られた実験式である．そして図3.1において，$\cos\theta=1$の位置は$\theta=0$となり，完全にぬれる．ここの表面張力を臨界表面張力という．臨界表面張力以下の液体をもってくれば，す

第3章　表面処理の基礎

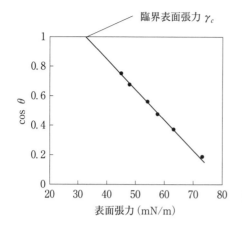

図 3.1　ポリエチレンテレフタレートに対する Zisman plot の実際例

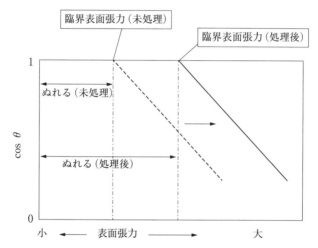

図 3.2　表面処理によって臨界表面張力が大きくなって，より多くの接着剤が材料をぬらすことを示す模式図

べてこのポリマーはぬれることになり，接着の条件を満たすことになる．たとえばポリエチレンやポリプロピレンでは表面張力が 30 mN/m 程度である．ところが，多くの接着剤の表面張力は 40 mN/m 以上である．これでは接着剤はこれらのポリマーを完全にはぬらすことができないので，十分な強度をもった接着を行えないことになる．そこで，強い接着をするには**図 3.2** のように臨界表面張力をできるだけ大きな値にする必要がある．

表 3.1 表面処理法の分類

分類	処理法
物理的方法	コロナ処理 低圧プラズマ処理 大気圧プラズマ処理 火炎処理 電子線照射 紫外線照射
化学的方法	湿式処理 シランカップリング剤処理 イソシアネート化合物処理 グラフト化

このためには，たとえば無水マレイン酸共重合物を添加したポリプロピレンを製造するような手法も考えられる．しかし原料段階からの改質はコストがかかり，かなり大量に製造するような場合に限られる．そこで表面だけをわずかに改良して目的を達成する表面処理が接着には重要になってくる．

表面処理には物理的処理と化学的処理の方法が考えられ，具体的には**表 3.1**のような方法がある．これらの方法について以下に具体的に記述する．

3.2 処理の概要

3.2.1 物理的方法

表面処理のコロナ処理やプラズマ処理のような物理的処理法が工業的には主流を占めている．これらの方法はエネルギー供給源が電力やガスであり，制御しやすいことと，装置化されていて工業的に採用しやすい背景がある．化学的処理法は確実性の高い方法であるが，処理に時間がかかるうえ廃液処理などの副次的な要素が入ってくるので，物理的処理では難しい場合に限られる．コロナ処理，低圧プラズマ処理および大気圧プラズマ処理は似たような方法である．

コロナ処理は交流電力を使用し，通常は厚さ数ミリメートルの電極間に放電させてその間に試料を通過させるので，試料はフィルム状のものに限られる．大気圧プラズマ処理はコロナ処理に似ているが，放電状態が若干異なりかなり

厚手の試料でも処理可能である．ただし，処理速度が遅く通常不活性ガス中で処理が行われる．低圧プラズマ処理は処理の均一性は優れているが，低圧下で実施しなければならず，ほとんどの場合バッチ処理となって工業的に大量に処理するには向かない．このためかなり高価な試料に適用される．

　火炎処理はバーナーを使い，ロボットに装着して使用するのが普通で，自動車関連部品のような大きな成形物には便利である．電子線照射や紫外線照射は表面処理にも使用されるが，前者は滅菌，後者は有機物を分解除去する表面洗浄の目的に使用されることが多い．電子線照射はこれだけで表面処理の目的に使用されることは少なく，たとえば，グラフト重合のための前処理として使用されたりするので，本書では詳しくは述べない．

3.2.2　化学的方法

　原子状硫黄でチオールを生成[3]させ，これを硝酸や過マンガン酸カリ（$KMnO_4$）酸化するといろいろなスルフォン酸系官能基[4]が導入できる．簡単に実施できる方法にシランカップリング剤処理がある．シランカップリング剤は分子の両末端に反応ないしは水素結合する官能基がついてあり，二つの材料を橋渡しする形で結び付ける．処理はシランカップリング剤を水に溶解させてそれに試料を浸漬して乾燥するだけで終了するので，非常に多くの分野で実用されている．

　イソシアネート基を分子両末端に有する分子もシランカップリング剤と同じく，若干温度を上げる程度で二つの材料の橋渡しをするように反応するので，いろいろな分野で用いられている．あるいはプライマーという名称で接着し難い材料表面に塗布して用いられることも多い．イソシアネート処理という言葉で，表面処理の分野で説明されることは少ないので，本書ではこの処理に関してはこれ以上述べない．

　グラフト化は接ぎ木という意味であるが試料表面に電子線照射などでラジカルを生成させた後，これにたとえばアクリル酸などをラジカル重合させれば表面に多くのカルボキシル基ができて接着性が著しく改善できる．ラジカルでなくとも反応性の官能基が表面にあればそれを利用してグラフト化することができる．

〈参考文献〉

1) W. A. Zisman：Ind. Eng. Chem., **55**, 18（1963）
2) D. Li, A. W. Neumann：Adv. Colloid Interface Sci., **39**, 299（1992）
3) A. R. Knight, O. P. Strausz, H. E. Gunning：J. Am. Chem. Soc., **85**, 2349（1963）
4) 角田光雄：高分子の表面改質と応用，角田光雄監修，p.13，シーエムシー（2001）

第4章

コロナ処理

4.1 概　　要

　コロナとは王冠という意味であり，よく太陽表面に発生することで知られている．コロナは王冠のように光輝いている状態であり，プラズマ放電がオーロラのような状態で光っているのとは異なるので，目視でも区別がつく．コロナ放電装置の概略図を図 4.1 に示す．交流で高電圧の放電が特徴であり，装置は割合簡単な構造である．

　コロナ放電の実際の状態は図 4.2 に示すような状態で，線状に輝いている部分と全体が青白く光っている部分がある．線状に輝いている部分は雷のようにアークしている状態であまり好ましいとはいえない．後者のオーロラのように光っている方がプラズマ状態となっていて，いわゆるグロー放電の部分である．

　放電電圧をあまり上げると図 4.3 のように電極のいろいろな部分から放電を

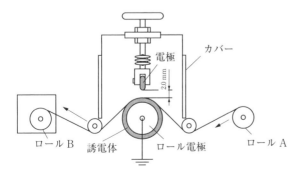

図 4.1　コロナ放電装置の概略図

第4章　コロナ処理

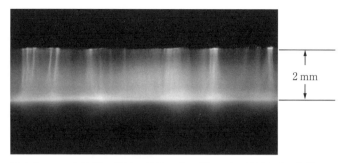

図 4.2 コロナ放電の状況．放電エネルギー：$6×10^4 J/m^2$，上部：アルミ電極，下部：ロール電極（アルミニウム），3 mm のシリコンゴム被覆，エアーギャップ（電極間距離）：2 mm

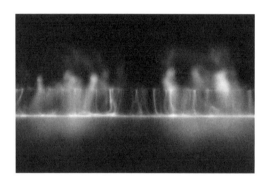

図 4.3 高電圧でコロナ放電したときの例

始める．また，同じ電圧でも電極間距離を小さくすると同様な放電[1]が観察される．このような状態になると，アーク放電が増えてきて，放電によるプラズマ発生に加えて電気エネルギーの熱エネルギーへ変換される量が多くなって，試料を焦がしたり，収縮させたりして処理としては適切ではなくなる．

また，このような放電を繰り返すと，電極面が摩耗して凹凸が激しくなり，ますます電荷の集中するところができてきて，偏った放電になり好ましくなくなる．電極間距離（エアーギャップ）は放電する必要性から，1〜3 mm であり，この間に試料，通常はフィルムを通過させてコロナ処理を行う．電圧は 15〜50 kV，交流周波数は〜45 kHz の装置が市販されている．

処理効果は供給電力によって変わってくるが，放電エネルギー E は供給電力 P(W)，電極長さ L(m)，および試料フィルムの送り速度 V によって式 (4.1) または式 (4.2) のように計算される．著者は原則的に式 (4.2) で表示

しているが，式（4.1）で表現されている場合も多い．供給エネルギーは〜$6×10^4$J/m² である．これ以上の供給エネルギーになると，熱収縮などの弊害が出てくる．

$$E(\text{W·min}/\text{m}^2) = \frac{P(\text{W})}{L(\text{m}) \cdot V(\text{m/min})} \tag{4.1}$$

$$E(\text{J/m}^2) = \frac{P(\text{W})}{L(\text{m}) \cdot V(\text{m/s})} \tag{4.2}$$

4.2 電極形状の影響

コロナ処理は工業的に優れた方法であり，連続して長期間使用される．このため，部品交換などが頻繁に行われるようでは能率が悪いので，電極にはいろいろな工夫がなされている．たとえば凹凸が比較的大きい材料を扱う場合にもトラブルがないような，図 4.4 に示すセグメント型電極，あるいは長時間使用可能にするために，図 4.5 に示すようなクオーツ電極やセラミックコーティング電極[2]が用いられている．

アルミニウム箔や導電性を付与したプラスチックフィルムの表面処理に対しては，図 4.6 に示すような放電電極[2]が考えられている．コロナ処理では他の方法と比較して処理むらがあるといわれるが，そのようなことが問題にならないように，4〜10 本の電極を備えた装置も製造されている．

装置に関する研究は電気工学的観点からいろいろ検討されている．電極の形状については最適周波数と図 4.7 の関係[3]があるといわれている．コロナ処理は放電現象を利用したものであるので，インピーダンスの観点から，図 4.7 の組み合わせがよいとされている．

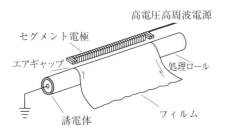

図 4.4 セグメント型電極の例

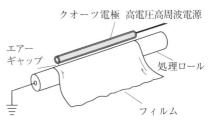

図 4.5 クオーツ電極の例

第4章 コロナ処理

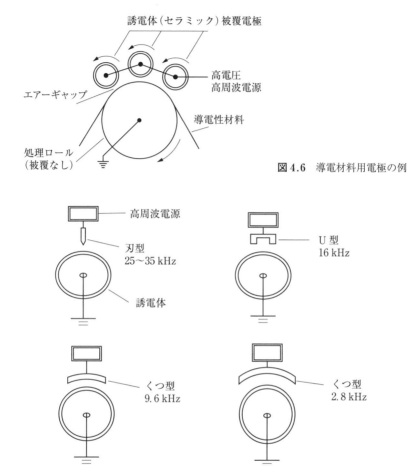

図 4.6 導電材料用電極の例

図 4.7 周波数とそれに適応すると考えられる電極形状

　ここでは，電極先端の形状を変えたときに具体的に処理効果にどのような変化が起きるかについて実験した例[4]があるのでそれを以下に紹介する．電極としては図 4.8 に示す 4 種の形状のものを選び，20 kHz で放電実験を行った．低密度ポリエチレンを処理した結果，表面に結合した酸素量に図 4.9 のような電極による違いが見られた．

　すなわち，刃型と半球型の電極が他の二つの電極に比べて酸素の結合量が多かった．この結果はまた，LDPE と PET を同様に処理して圧着した後 180 度

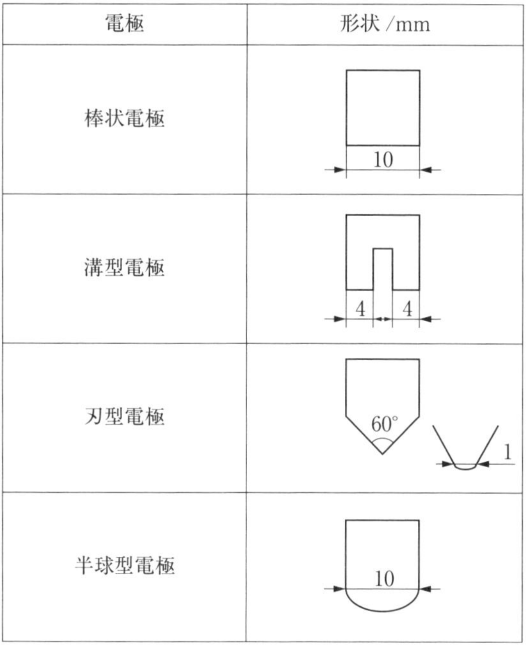

4.2 電極形状の影響

電極	形状/mm
棒状電極	□ 10
溝型電極	凹 4 4
刃型電極	60° , 1
半球型電極	∪ 10

図 4.8 使用した上部電極の形状

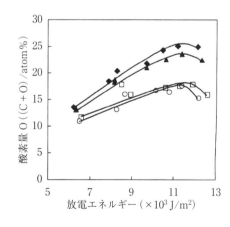

図 4.9 LDPE のコロナ放電処理における電極形状と表面酸素量の関係
▲:刃型, ◆:半球型, ○:溝型, □:棒状

剥離試験を行った結果，**図 4.10** に示されるように刃型と半球型電極の場合が大きな剥離強度を与えた．

このように電極形状によって処理効果にかなり違いがあることが明らかとなった．コロナ処理でよく問題になることに，処理むらがある．処理むらについての直接測定はできなかったが，放電状態を写真撮影して光の明るさのむらを定量的に調べた．その結果，むらの一番大きかった電極は刃型で，最も少なかったのは半球型であった．このことは，放電状況を示した**図 4.11** でも明らかである．このことを配慮すると，半球型電極が最も効率よくかつ安定した表面処理が行える電極であるといえる．実際に用いられている電極も半球型または刃型と半球型の中間の電極が多いようである．

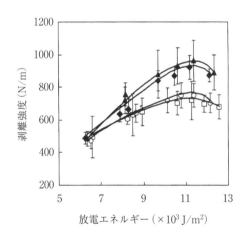

図 4.10 LDPE と PET の剥離強度に及ぼす電極形状の影響（記号は図 4.9 と同じ，接着剤なし）

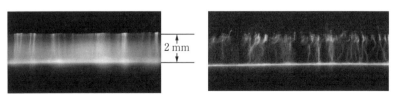

(a) 半球電極　　　　　　　　(b) 刃型電極

図 4.11 電極形状が異なる場合のコロナ放電の状況

4.3 雰囲気湿度効果

　コロナ処理は室温で通常の空気雰囲気中で実施されることが圧倒的に多い．ところが，同じ条件で運転しているにも関わらず夏と冬では処理効果に違いがあるという話を聞くことがある．変動因子としては温度と湿度が考えられるが，放電状態はかなり温度が高くなっているので，夏と冬の温度差そのものはあまり問題ないように思われる．

　そこで，湿度の因子に注目した．まず，湿度の表現であるが，空気中の水分表示には通常の相対湿度ではなくて，絶対湿度が好ましい．相対湿度とは与えられた温度で飽和状態の水分量に対する現在の水分量の比であるが，絶対湿度とは一定体積中の水分の質量（g/m^3）で表される．

　絶対湿度 D は相対湿度 H とその温度における容積絶対湿度 D_s と次の関係[5]にある．

$$D=\frac{D_s \cdot H}{100} \tag{4.3}$$

式（4.3）から，たとえば冬10℃のときに湿度が80%あった状態で運転していて，夏30℃で同じ80%で運転していたとしても，空気中の絶対的な水分量は夏の方が冬に比べて3.4倍も高濃度の中で運転していたことになり，到底同じ運転条件とはいえない．このような観点から以下の実験[6]を行った．

　コロナ処理装置の放電部分をプラスチックフィルムで密閉し，これに除湿機，加湿機を接続して湿度を制御した中でLDPEおよびPETフィルムに処理を施した．こうして得られたフィルムを圧着した後180度剥離試験を行った結果が図4.12に示されている．

　剥離強度にはかなりの湿度依存性があり，高湿度処理になるほど増加した．特に高湿度では1000 N/mの剥離強度に達し，剥離試験ではLDPE内の完全な凝集破壊を起こしていた．なお，このときの表面酸素結合量についてはこれほどの湿度依存性はなかったので，生成官能基などの割合の変化などが関係していると思われるが詳細は不明である．

第4章 コロナ処理

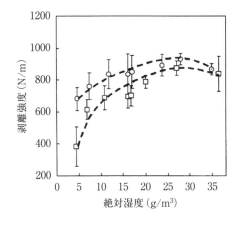

図 4.12 コロナ処理時の湿度と剥離強度の関係（LDPE/PET 系）
□：5.7×10^4 J/m², ○：6.4×10^4 J/m²

4.4 吹き出し型コロナ処理機

　通常のコロナ処理機は電極間距離が 1～3 mm であり，この間を通過できる試料しか扱えない．フィルムは問題ないが，厚いボードになれば使用できないし，ましてや形状の複雑な成形物にはまったく使用できない．そこでこのような材料に対しても使用できるものに吹き出し型のコロナ処理機がある．

　図 4.13 は吹き出し型の小さな装置であるが，電極は装置内部にあってファンで生じたコロナ（プラズマ）を口から押し出して，試料を処理する．コロナの長さは高々 5 cm 程度であるが，厚いボードも処理可能であり，ボトル表面でも処理可能である．実際の商品としては**図 4.14** のように長い装置もあって，大きな材料も処理可能である．

4.5 LDPE のコロナ処理

　ポリエチレンやポリプロピレンなどのポリオレフィンはほとんど極性がない上に，プラスチックの中では最も大量に製造されている材料である．これらのコロナ処理に関する研究報告は枚挙に暇がない．それらのすべてを紹介するのは不可能であるので重要と思われる点だけを述べたい．コロナ処理をするとぬれやすくなることは確かで，一例[7]を**図 4.15** に示す．

　LDPE の未処理状態の水の接触角は 102°付近にあるのが普通であるが，コ

4.5 LDPEのコロナ処理

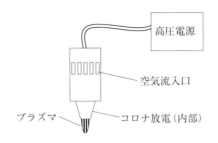

図4.13 吹き出し型コロナ処理機
（ポータブルタイプ）

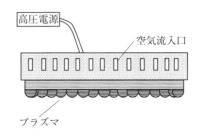

図4.14 大型の吹き出し型コロナ処理機の例

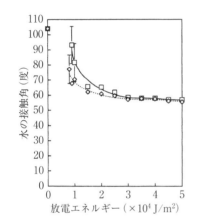

図4.15 放電エネルギーと水の接触角の関係
電極間距離 ◇：1mm，□：2mm

ロナ処理をすると60°以下になる．しかし，それ以上は下がらない．これはコロナ処理をいくら激しくしても，処理されて生じた酸化ポリエチレンがアーク放電の要素をもっているコロナ放電によって，吹き飛ばされて表面に積み重なることがないためと考えられる．低圧プラズマではそのようなことはなく，見かけ上かなり酸化された表面が存在し，水の接触角もこれよりはるかに低下する．

このことは図4.16に示されるように酸素結合量[7]も放電エネルギーとともにそれほど急激に増大せずに，5×10^4 J/m² の放電エネルギーで 25 atom％の酸素量であるから，低圧プラズマ処理に比べると値が小さい．なお，5×10^4 J/m² という値は，コロナ処理としてはかなり高い放電エネルギーであるから，これ以上高めると加熱されて試料の収縮などが心配になってくる．

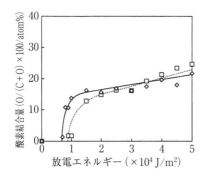

図 4.16　表面酸素結合量と放電エネルギーの関係
電極間距離　◇：1 mm，□：2 mm

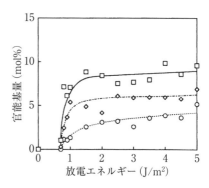

図 4.17　官能基生成量の放電エネルギー依存性
□：−OH，◇：>C=O，○：−COOH

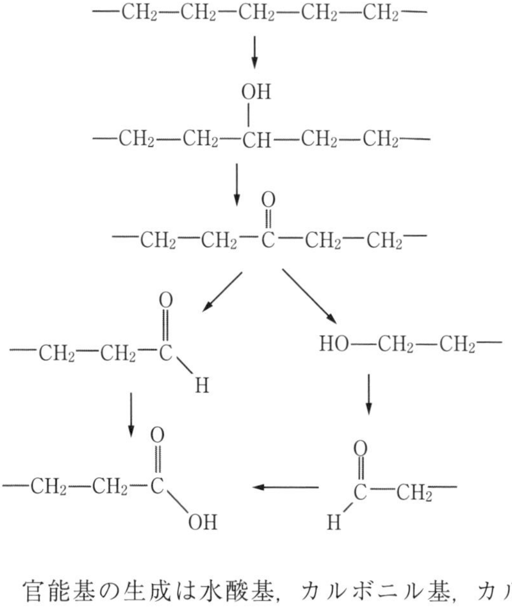

図 4.18　ポリエチレンの空気ないし酸素雰囲気下における分子鎖切断の過程

　官能基の生成は水酸基，カルボニル基，カルボキシル基の3種類としてXPSスペクトルのC_{1s}のピークを波形分離して推定すると，**図 4.17**のようになる．この場合最も多く生成するのが水酸基で次にケトン基，その次にカルボキシル基である．これはポリエチレンの酸化反応としては妥当な生成割合である．ちなみにポリエチレンの酸化段階は**図 4.18**のようなプロセスを経て，水

酸基，カルボニル基，カルボキシル基の順に生成してくると考えることができる．

ここでお断りしておかないといけないことがある．XPS スペクトルの波形分離の方法では，水酸基とペルオキシド基は区別できないので一応水酸基という名称に入れている．たぶんエポキシ基もこれに含まれるであろう．無論エーテル基も含まれるが，ポリエチレンの酸化反応でエーテル基が大量に生成するとは思われない．またカルボニル基にはケトンとアルデヒド基が含まれる．図 4.18 で見られるとおり電気的な表面処理では多様な酸化反応が同時に進行している．

多くの酸化反応ではポリマー分子が切断される方向に進行する．特に LDPE のように単純な構造の分子では架橋反応の方向は考え難く，ひたすら低分子化の方向に処理が進行すると思われる．図 4.16 で示した官能基は 3 種に絞ったが，XPS 分析に化学修飾法（巻末の参考資料の中で詳述）という方法を適用すると，いろいろな官能基の定量が可能である．

Gerenser ら[8]が LDPE をコロナ処理したときの官能基の定量結果を**表 4.1**に示す．この場合も，XPS の波形分離分析から得られた値と傾向は一致し，－OH＞.C＝O＞－COOH である．しかし，それぞれの値が非常に小さく，化学修飾法の分析精度からこれらの値をそのまま信ずることはできない．一応傾向はこの程度であると理解すべきである．著者らの実験では**表 4.2**の結果が得られた．官能基の生成割合は放電条件によって大きく変わるもので，放電エネルギーが大きくなるほど酸化が進んでカルボキシル基の割合が増加すると予想

表 4.1 コロナ処理によって生じた官能基量（atom%）と水洗による除去（3.4×10^4 J/m²）

官能基	処理後	水洗後
ペルオキシド	1.2	0.9
水酸基	1.7	1.1
カルボニル基	1.8	0.9
カルボキシル基	1.6	0.8
エポキシ基	2.3	1.1
官能基分析できた酸素量（上記以外の官能基も含む）	13.8	7.7
XPS で観察された酸素合計量	18	10

表4.2 コロナ処理によって生じた官能基の化学修飾法による定量結果の一例(6×10^4 J/m²)

官能基	含有量（原子%）	
	処理面	未処理面（誤差）
カルボニル基	17.7	0.8
カルボキシル基	8.4	0.2
水酸基	6.6	0.3
ペルオキシド基	1.4	0.7
エポキシ基	1.1	0.1

される．

4.6 処理効果の経時変化

通常大気中におけるコロナ処理では大気の組成が$N_2:O_2=4:1$で圧倒的に窒素が多いにも関わらず，図4.19に見られように窒素はほとんどLDPE分子に結合[7]しない．酸素だけがLDPEに結合するので，酸化反応が進展し結果的に分子切断が起こってくる．このため表面処理された表面は低分子化するので，分子運動が激しくなると同時に，揮発するような低分子化合物も生成してくる．

図4.20はLDPEを4.0×10^4 J/m²で処理した後の水の接触角の経時変化[9]を示したもので，時間の経過とともに接触角は上昇してくる．表面酸素量も同様に低下してくる．25℃で69日間放置して，接触角は10度上昇，酸素量は4 atom%低下した．処理効果の経時変化の証拠はこの他にも見出すことができる．

図4.21はコロナ処理したLDPEの官能基の経時変化を化学修飾法で求めて追跡[10]したものである．放電エネルギーが6×10^4 J/m²と非常に大きい状態での経時変化であるが，カルボキシル基は急激に低下していることがわかる．

図4.22は吹き出し型コロナ装置で試料の一点をコロナ処理したときの重量変化[10]を調べた結果である．実験の詳細は省略するが，コロナ処理時間が長くなるほど試料の重量減少は大きくなっていることがわかる．つまり，コロナ処理によって，LDPEは低分子化し，揮発していることがわかる．図4.18に示したLDPEの酸化による分子切断が分子鎖の至る所で起こるので，低分子

4.6 処理効果の経時変化

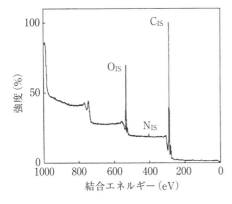

図 4.19 LDPE をコロナ処理したときの XPS スペクトル

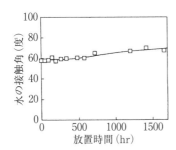

図 4.20 表面処理後空気中に放置したときの接触角と表面酸素量の経時変化

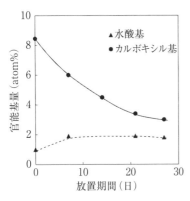

図 4.21 LDPE のコロナ処理後の官能基の経時変化（6×10^4 J/m^2）

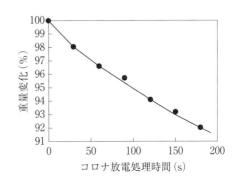

図 4.22 コロナ処理に伴う試料の重量減少

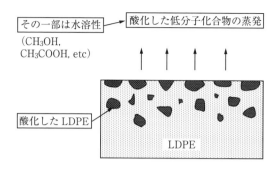

図 4.23 コロナ処理後空気中に放置した LDPE

化合物，それも分子両末端が酸化された化合物が大量に発生し，これが揮発するために処理効果の経時変化が発生する．無論，LDPE のような低融点のポリマーでは分子運動も活発であるので，官能基をもった低分子化合物は，LDPE 内部にも拡散してゆく．

このような現象を模式化すれば図 4.23 のように描くことができる．酸化物の一部は試料内部に塊となって拡散していくと考えられる．

処理効果の経時変化はポリマーの種類により，また処理条件，放置条件によっても大きく変化することが考えられるので，上述した結果は一例に過ぎないことをお断りしておく．

4.7 ポリプロピレン（PP）のコロナ処理

ポリプロピレンの表面処理もポリエチレンの場合とほとんど異ならず，処理効果の経時変化が論じられている論文[11,12]が多い．Strobel[11]らはコロナ処理によって図 4.24 のような小丘が発生することを SEM で観察している．これは，水洗いで除去でき，また，拭き取るとなくなる程度のもので，PP の低分子化酸化物と考えられている．

Overney ら[12]はこの小丘のサイズを詳細に観察して図 4.25 のような結果を示している．低分子酸化物から成るこの小丘はまず水分を吸って球状になった後，水分が揮発してできるものと考えられている．小丘の成分は接着力に寄与しており，これを水洗などで除去すると接着力が低下することが認められている．このことは，コロナ処理によって生じた低分子酸化物は単官能性分子ではなくて多官能性分子であることを示唆しており，また，かなり水溶性をもって

4.7 ポリプロピレン (PP) のコロナ処理

図 4.24 ポリプロピレンにコロナ放電処理したときに観察される小丘 (SEM 像)
$17\times10^4\,\mathrm{J/m^2}$,相対湿度 80%

$2\,\mu\mathrm{m}$

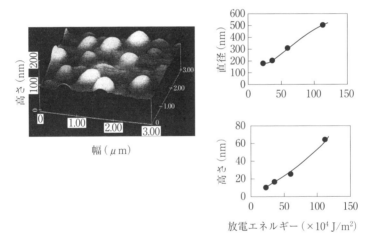

図 4.25 コロナ処理後観察された小丘の AFM 像とその大きさ

いることを物語る．

ただし，ここに示した小丘は $10\times10^4\,\mathrm{J/m^2}$ の高エネルギーで放電したときに明確に認められるものである．通常のコロナ処理は，高々 $5\times10^4\,\mathrm{J/m^2}$ の放電エネルギーであるから，常時このような現象が見られるわけではない．しかし，平常運転でも多少はこのような低分子酸化物が生成することを物語るもの

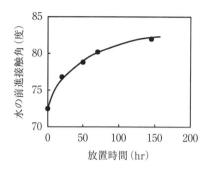

図 4.26 PPのコロナ処理後の水の前進接触角の経時変化
（45℃，60% RH で放置，コロナ処理条件は不明）

である．

　LDPE の場合でも示したように，低分子酸化物が生成するということは，処理効果の経時変化も起こることが予想される．事実，水の前進接触角において**図 4.26** のような経時変化[13]が認められている．コロナ処理条件は不明であるが，前進接触角の初期値から考えてそれほど激しい処理ではないことがわかる．また，45℃での放置ということで室温より高いので，接触角の経時変化は平常時より速まる条件である．いずれにしても，LDPE と同様 PP でも処理の経時変化は起こるが，最終的に未処理の状態まで戻ることはない．

4.8 不活性ガス中での PP のコロナ処理

　空気中でのコロナ処理では処理後の経時変化があり，前述のように処理効果が徐々に低下することは明らかである．後述するが，これはコロナ処理に特別ではなく，大気中での物理処理では多かれ少なかれ避け難いことである．ポリマーの酸化により，分解が架橋より優先するのでやむを得ないことのように思われる．そこでこれをできるだけ防いだ上で，表面活性化を行いたいという考えが出てくる．その方法として，雰囲気ガスに Ar，He，N_2 などを使用することである．前二者ではもし酸素が完全になければラジカルが生じて架橋構造を形成して，低分子化しない可能性がある．現実にはこれらのガスは高価であるし，また完全には酸素を遮断することは不可能であり，Ar での試み[14]でも成功していない．

　窒素ガスは廉価であり，また架橋が起こる可能性があるのでいくつかの試みが行われている．Guimond ら[15,16]は**図 4.27** のような装置を製作して，二軸

4.8 不活性ガス中でのPPのコロナ処理

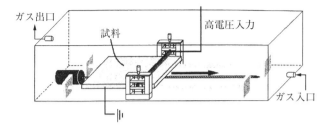

図 4.27 Guimondらが使用した放電処理装置

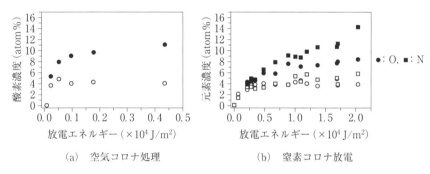

(a) 空気コロナ処理　　　(b) 窒素コロナ放電

図 4.28 PPの放電エネルギーと水洗前後の元素量の変化
（中抜きはすべて1分間水洗後）

延伸PP（BOPP）について空気雰囲気と窒素雰囲気での実験を行っている．彼らは窒素雰囲気での実験を大気圧グロー放電としているが，空気中でのコロナ放電装置とまったく同じ装置を用いているので，ここではそれを窒素コロナ処理と称することにする．

まず，空気コロナ処理をした後，直ちにXPSで表面酸素濃度を求めた場合と窒素コロナ処理した場合の表面元素濃度を比較したものが図4.28である．空気コロナ処理では窒素は無視できる濃度であるので，酸素のみ示されている．窒素コロナ処理では窒素が大量に結合している．また酸素も結合している．本来酸素はほとんど雰囲気中に存在しないはずであるが，この他の報告でも窒素雰囲気の多くの処理で酸素が結合している．

試験片を1分間水に浸漬した後XPS分析したときの元素濃度の違いも図4.28に示しているが，空気コロナ処理では水への浸漬によって酸素量に違い

49

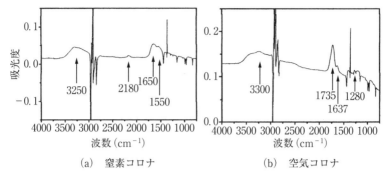

図 4.29 窒素コロナおよび空気コロナ後の未処理物との赤外差スペクトル（全反射赤外法，200 回積算）

表 4.3 空気コロナおよび窒素コロナ処理面の赤外吸収スペクトルにおける主要ピークの帰属

	波数/cm^{-1}	帰属
窒素コロナ	3250	OH, NH
	2180	$-C\equiv N$
	1650	$-C=C-$, $-C=N-$, $-C=O$, $-NH_2$
	1550	$-NH_2$, $-NH$
空気コロナ	3300	$-OH$
	1735	$-C=O$
	1637	$-C=C-$
	1280	$-C-O-C-$

が生じ始めるのが 1×10^2 J/m² の放電エネルギーからである．ところが窒素コロナ処理では 3×10^3 J/m² までは水への浸漬前後で，元素量の差が生じていない．これは表面張力の面からも同様の現象が認められている．

これらの事実はすべて窒素コロナ処理の方が低分子化を起こし難いことを物語っている．全反射法により赤外吸収スペクトルを図 4.29 に示す．主なピークの帰属は表 4.3 に示されている．

窒素コロナ処理での特徴は窒素に関係したピークが存在して，しかも $-CO-NH-$ のような官能基が存在する可能性があることである．AFM 像では水洗前後で大きな違いがあるのが空気コロナ処理であって，窒素コロナ処理ではあまり変化が認められていない．ただ，表面張力は窒素コロナ処理の方が大きくなるが，経時変化では窒素コロナ処理でも十分小さくはなっていない．

4.8 不活性ガス中でのPPのコロナ処理

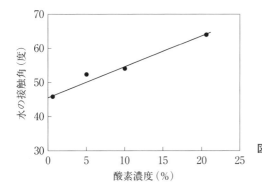

図4.30 コロナ処理雰囲気中の酸素濃度と水の接触角の関係（PP）
（放電エネルギー：$3×10^4$ J/m^2）

　窒素雰囲気でコロナ処理をすると，コロナの状態よりもグロー放電の状態に近くなることはGuimondらも述べているので，発熱が少なく処理の均一性も増すことが期待できる．ところで，窒素置換や他の不活性ガスでの処理も報告されているが，雰囲気の正確な状態は記述されていない．特に酸素の存在が致命的に影響を与える．すでに述べたように，空気は窒素が80％を占めているにも関わらず，ほとんど酸素含有官能基しか生成せず，窒素は高々1％程度しかポリマーに結合しない．このように雰囲気中の酸素の存在をできるだけ正確に把握することが必要である．

　著者ら[17]も通常のコロナ処理装置に，酸素濃度計を取り付けて雰囲気中の酸素濃度を計測しながら窒素雰囲気中のコロナ処理を行ったので，その結果について報告する．

　まず，雰囲気中の酸素量と水の接触角の関係を見ると，図4.30に示すように酸素濃度の低下とともに水の接触角が低下し，接着には好ましい関係になる．このときの酸素の最小濃度は2000 ppm程度で，窒素の結合量は8％，酸素は13％であった．依然として酸素の結合量は多いがこの傾向はGuimondらの結果と同様で，恐らく試料を取り出したときに処理後の活性種に酸素が結合することもあるためと考えられる．

　大気中に放置しておいたときの安定性も窒素雰囲気処理が優れていることが図4.31から明らかである．空気雰囲気処理の場合30日経過で，水の接触角は13°増加，しかし窒素雰囲気処理では8°しか増加していない．もし雰囲気ガス中からより完全に酸素を除くことができればさらに処理効果が安定して，ぬれ

第4章　コロナ処理

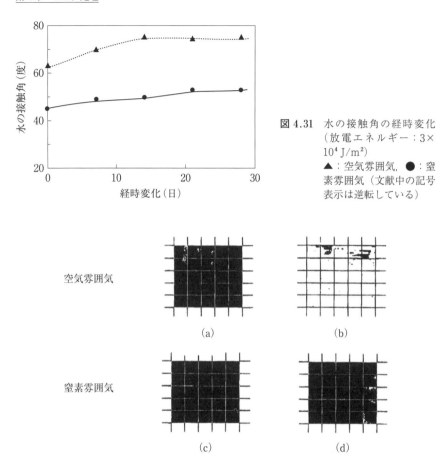

図4.31　水の接触角の経時変化（放電エネルギー：3×10^4 J/m^2）
▲：空気雰囲気，●：窒素雰囲気（文献中の記号表示は逆転している）

図4.32　処理面にインクを塗布した後の碁盤目テスト法（JIS K 5400）による接着性試験結果（黒い部分はPP面にインクが付着していることを示す）

性も向上することが期待できる．

　これについては次節で一つの例を紹介する．なお，窒素雰囲気中で処理すると接着の安定性も向上する例として，処理面にインクを塗布して，剥離強度を調べた結果，図4.32に見られるように，窒素雰囲気中での処理では3週間経過してもインクが剥がれず，明らかに良好な結果[17]を示している．

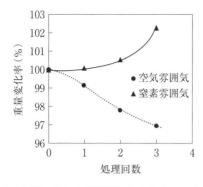

図 4.33 異なる雰囲気下におけるコロナ処理回数と重量変化の関係（PP）（400 W, 2.0 m/min）

表 4.4 3回コロナ処理したときの表面の粗さ

	二乗平均粗さ (Rms, nm)	平均粗さ (Ra, nm)
空気雰囲気	11.7	9.2
窒素雰囲気	6.0	4.5

4.9 窒素雰囲気処理の機構

窒素雰囲気での処理は酸素も付加するが，窒素が付加することで多くの挙動が大きく異なっている．不活性ガスでもArやHeを用いた場合では見られない現象である．これについてはさらに詳細な研究が必要と思われるが，とりあえず現段階での考察を行ってみたい．

まず，PPの空気雰囲気でのコロナ処理では，図 4.33 に見られように，処理によって試料重量がわずかではあるが必ず減少[18]する．これはポリマーの種類によらない．ところが，窒素雰囲気では重量が増加する．図 4.33 は現象を検出しやすくするため通常処理よりも過酷な条件ではあるが，この傾向はいつでも変わらないように思われる．

また，表面粗さも表 4.4 に見られるように，窒素雰囲気での粗さは小さい．このように空気雰囲気での処理では分解して低分子化して，表面が荒れて，揮発していく分子が存在する．

一方窒素雰囲気では重量が増加するので揮発はない．処理によって酸素や窒素原子がポリマーに付加するだけであるならば，ポリマーの構成元素よりも重い酸素や窒素が付加するのであるから重量増加があって当然である．

ところで，付加した窒素のXPSにおけるピーク位置は平均 400.5 eV であった．Blythe ら[14]は 399.9 eV，Guimond ら[15]も 399.1 と 400.5 eV に窒素のピ

表4.5 XPSにおける窒素(N_{1s})のピーク位置の例

化合物または官能基	ピーク位置 (eV)
NH_3	400.5
$-NO$	403.6
$-NO_2$	405.5
$-ONO_2$	408.2
$-C(O)-N-C(O)-$	400.6

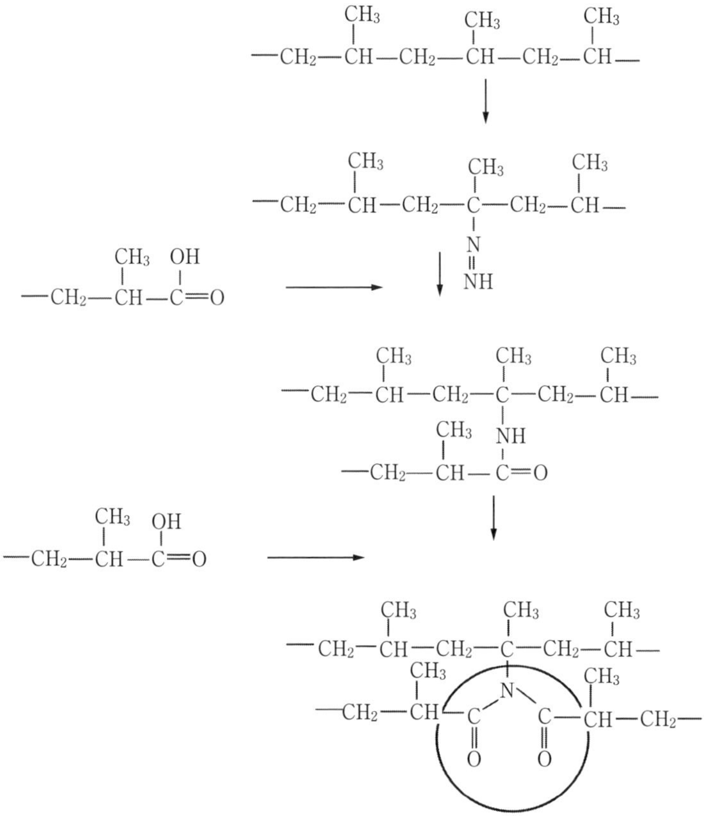

図4.34 窒素含有官能基（イミド型）の生成

4.9 窒素雰囲気処理の機構

ークがあるとしている．窒素含有官能基のピーク位置を文献[19]から調べてみると，**表 4.5** のような値である．

これらの事実から，窒素はイミドあるいはアミドとして存在していると考えることができる．一つの可能性として，**図 4.34** のようなイミド型で結合していれば，分子は一部酸化されても低分子化することなく，分子移動も少なくなって，処理の安定性の向上も期待できる．つまり，イミド型であれば窒素が 3 官能性の性質をもち，ゲル化理論から必ず窒素を含む高分子になる．そして，全体の重量増加も説明できる．

ただし，あまり激しい処理をすれば，架橋よりも分子切断が優先して，処理効果の経時変化（減少の方向）が起きるので，実験条件によっては結果が変わってくることはあり得る．無論手前のアミド型の存在も可能性があるが，それでは 2 官能性であるから，酸素の機能とあまり変わりなく，イミド基ほどの架橋促進作用はない．

ところで，空気雰囲気で処理すると，低分子化することは多くの論文で指摘されている．しかし，最終的にどのような化合物に至るのか具体的な報告はない．ここに著者らの研究結果[20]を一部紹介したい．

多くの物理的な表面処理では，高々数 nm が変化するだけであるので，低分子化物にどのような化合物が生成しているか決定することはきわめて困難である．そこで，吹き出し型コロナ装置を用いて 180 秒間 PP フィルムの一定箇所をコロナ処理した後，水で洗い流した液についてガスクロマトグラフィー質量分析装置（GC-MS）により分析した．

その結果トータルイオンクロマトグラム（TIC）は**図 4.35** に示されるように，強いピークは一本だけであるので，低分子化物の主成分はこの成分であることがわかる．このピークのマススペクトルは**図 4.36** に示されるように，酢酸であることが明らかになった．

類似のギ酸は沸点 101℃にあるので，酢酸に近い位置にピークが出るはずであるが，そのようなピークは存在しないので，ギ酸はできないようである．酢酸の沸点は 118℃であるから，大量に存在しない限り高真空系で測定する XPS 分析では，ほとんど揮発してしまっているはずである．この場合の XPS スペクトルはあまり正確なものではなくなる．空気雰囲気中の表面酸化の機構は**図

第4章 コロナ処理

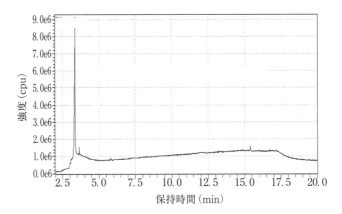

図4.35 空気雰囲気コロナ処理水抽出物のGC/MS法におけるトータルイオンクロマトグラム（TIC）

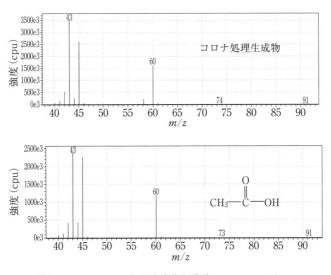

図4.36 PPコロナ処理生成物と酢酸のマススペクトル

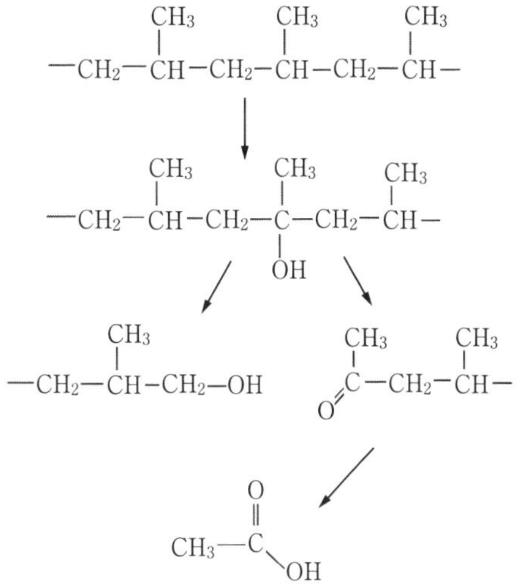

4.10 ポリエチレンテレフタレート（PET）の処理

```
       CH₃        CH₃       CH₃
        |          |         |
—CH₂—CH—CH₂—CH—CH₂—CH—
                  ↓
       CH₃        CH₃       CH₃
        |          |         |
—CH₂—CH—CH₂—C—CH₂—CH—
                  |
                  OH
        ↙                ↓
   CH₃            CH₃       CH₃
    |              |         |
—CH₂—CH—CH₂—OH    C—CH₂—CH—
                   ‖
                   O
                         ↙
              O
              ‖
        CH₃—C
              \
               OH
```

図 4.37 空気コロナ処理における酢酸の生成

4.37 のような機構で酢酸が生成すると考えられる．

4.10 ポリエチレンテレフタレート（PET）の処理

　表面処理では大半の対象ポリマーがポリオレフィンである．他のポリマーでも適用できるが，報告例が極端に少なくなる．ポレオレフィン以外の例として，PET についていくつかの報告例[21-23)] があるので紹介したい．

　PET のコロナ処理でも処理効果の経時変化[21)] が起きていることが，図 4.38 や表 4.6 から明らかである．処理エネルギーも $4.3 \times 10^4 \, \mathrm{J/m^2}$ と大きいこともあるが，経時変化はかなり大きい．このときの付加された表面酸素量もほぼ同様な傾向で時間とともに減少しているデータが得られている．

　表 4.6 によれば全体として官能基は減少傾向にあるが，経時的には官能基が増減している．特に過酸化物は単調に減少するが，カルボニル基や水酸基は変化してゆくことが認められる．

　Pochan ら[21)] は窒素雰囲気でもコロナ処理を実施しているが，特徴的な変化を確認していない．これに対して，Amouroux ら[23)] は窒素雰囲気コロナ処理でははじめ $-\mathrm{NH_2}$ のような官能基が生成するが，処理時間を長くすると，$-\mathrm{NO}$ や $-\mathrm{ONO_2}$ が現れるとしている．この場合通常の工業用の動く方式のコ

第4章 コロナ処理

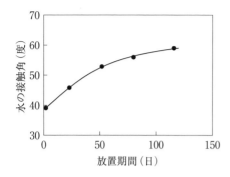

図4.38 PETのコロナ処理後の経時変化
（放電エネルギー：4.3×10^4 J/m^2，湿度65% RHで放置（室温と思われる））

表4.6 空気雰囲気コロナ処理で生成した官能基量（atom%）の経時変化

官能基	3時間	24時間	338時間
-C-O-O-H	0.10	0	0
-C-C- (エポキシ O)	0.25	0.28	0.08
-C-OH	0.60	0.88	0.49
-C(=O)-OH	0.18	0.15	0.06
>C=O	1.65	1.92	1.33

ロナ処理ではなく，平面パネル間の放電で，工業的な観点からはPochanらの考察がより適切である．

4.11 芳香族ポリイミド（PI）の処理

芳香族ポリイミドフィルムはフレキシブルプリント基板（FPC）として，デジカメ，スマホ，携帯電話機などで非常に多く用いられている．プリント回路を製造する方法にはいくつかの方法があるが，多くの場合でき上がったPIフィルムと銅箔を接着しなければならない．その後銅箔の不要部分を溶解除去して電子回路を作る．電子回路はきわめて細い銅線となっているので，接着性が悪いと使用環境によっては回路に不具合が生ずることがある．このため，PIフィルムや銅箔表面には何らかの接着性の改良の努力が成されている．その一つにPIフィルムのコロナ処理あるいはプラズマ処理がある．ここでは，コロナ処理した場合の例[24]について述べる．

ここで用いたPIフィルムの分子構造は図4.39に示されるような分子構造を

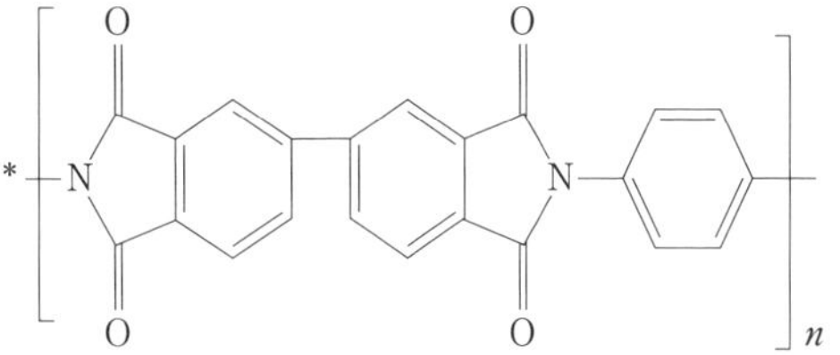

4.11 芳香族ポリイミド (PI) の処理

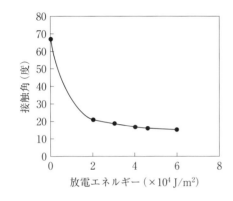

図 4.39 使用した PI フィルムの分子構造
宇部興産（株）製，ユピレックス S（厚さ：12.5 μm）

図 4.40 放電エネルギーと処理後の水の接触角

もっていて、耐熱性が高く、400℃で10000時間は問題なく使えるといわれている.

コロナ処理すると図 4.40 のように水の接触角は 20°程度まで下がり、接着性が大きく改善される．しかし、他の材料と同じように、処理状態は元の方向に戻る動きがあり、官能基で調べると図 4.41 のように一級アミン基とカルボキシル基が生成し、水酸基は生成しない．

ここでカルボキシル基の量は全表面炭素量に対してカルボキシル基を形成している炭素量の比を示す．一級アミン基では全窒素量に対する割合であるから、炭素量と同じ基準で考えると、一級アミン基の量＝(図上アミン量)×(2/22) となり、図上表示の約 1/10 になる．したがって、モル濃度の比較では、カルボキシル基が圧倒的に多く生成していることになる．

しかし、これら官能基は時間とともに急激に減少し、20 日経過ころから落ち着くことが、図 4.42 からわかる．これらの事実から、PI のコロナ処理では図 4.43 のような過程を経て表面が変化していくと推定される．

つまり、コロナ処理によって、イミド基が解列し、そこに空気中の水分が作

59

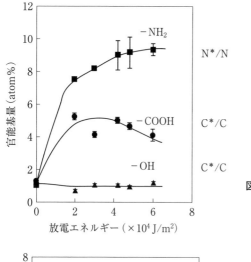

図4.41 コロナ処理による官能基の生成割合
(官能基量は当該元素に対する割合(％)で表示)

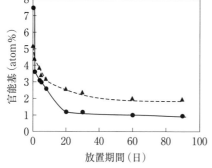

図4.42 カルボキシル基と一級アミンの経時変化
▲：カルボキシル基（C*/C），
●：一級アミン（N*/N）

用して一級アミン基とジカルボン酸ができる．処理後長時間を経るとこれらが一部縮合反応を起こしてアミド酸あるいはアミック酸と呼ばれる形である程度安定化していることが読み取れる．

　これは，ポリイミドポリマーを製造するとき，テトラカルボン酸無水物とジアミンを混合すると，まずはこのアミド酸が形成されてポリマーとなり，それからこれを加熱することによってポリイミドポリマーのフィルムを作成している事実から推定することができる．

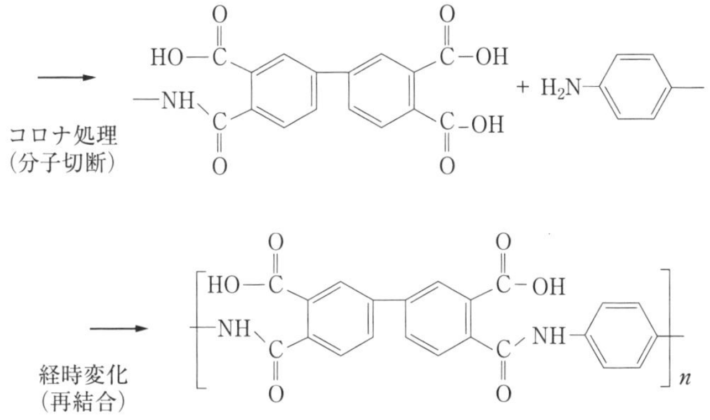

図 4.43 コロナ処理による分子切断と再結合の過程

4.12 コロナ処理 PI フィルムの接着安定性

　コロナ処理された PI フィルムを接着剤を使って銅箔と接着させた．接着剤にはブチルアクリレートとアクリロニトリルの共重合体でシート状の接着剤を用いた．180°剥離試験を行って，剥離強度の経時変化を調べた．なお，剥離は必ず PI フィルムと接着剤の間で起こっていることが，目視で確認できている．
　剥離強度の挙動について二つの状態を比較した．一つはコロナ処理を施した後一定時間経過させて接着させた後，その後直ちに剥離試験を行った．この結果が**図 4.44** に示されている．剥離強度はコロナ処理後数日で急激に下がる．その後も剥離強度は徐々にではあるが下がり続けることが明らかになった．一方，コロナ処理後直ちに銅箔と接着した後，一定期間を経てから剥離試験を行った．この結果，**図 4.45** に示されるように，90 日に至るまでほぼ 1000 N/m の剥離強度を保っており，非常に良好な接着状態であることが明らかになった．
　このことから，表面がやや不安定で経時変化がある状態でも，一旦接着してしまえばかなり安定に保たれており，コロナ処理が接着に有効な手段であるといえる．

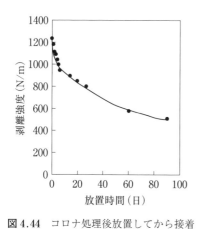 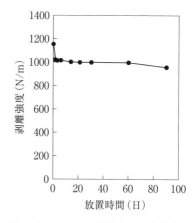

図4.44 コロナ処理後放置してから接着したときの剥離強度（剥離試験は接着後直ちに実施）　図4.45 コロナ処理後直ちに接着後放置してから剥離試験を実施

4.13 エチレン・ビニルアセテート共重合体（EVA）のコロナ処理

本共重合体はビニルアセテート含量に応じて性質が変化し，ビニルアセテート含量の増加に伴って結晶性が低下し柔軟性が増す．エチルアセテート含量が低い場合は包装材料や農業用フィルムとして用いられる．この含量が増すと透明性が増し，共重合体は太陽電池用封止材として用いられる．

融点は**表4.7**に示されるようにビニルアセテート含量の増加とともに低下する．このことから本試料はブロック共重合体であると考えられる．

図4.46は500Wでコロナ処理したときの表面張力であるが，ビニルアセテート含量の増加とともに処理効果が低下することがわかる．コロナ処理ではビニルアセテート側は酸化されず，専らエチレン側が酸化されていることを物語っている．酸素付加量もビニルアセテート含量の増加とともに減少していた．

アルミニウム板と圧着後の剥離強度は**図4.47**に示されるように，ビニルアセテートの含量とともにある程度増加はする．これは，表面張力の挙動とは異なり，共重合体の場合接着にはいくつかの因子が絡んでいると推定される．いずれにしても，剥離強度はコロナ処理だけで1000 N/mを超えており，実用的には満足できる接着強度に達している．

4.13 エチレン・ビニルアセテート共重合体（EVA）のコロナ処理

表 4.7　EVA の組成と融点

VA 含量（wt%）	融点（℃）
0	105.9
6	101.5
10	95.0
28	89.9

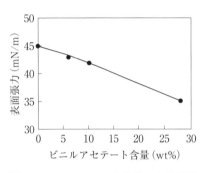

図 4.46　EVA のコロナ処理による表面張力の向上

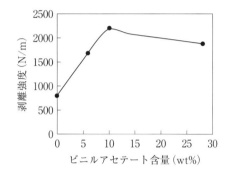

図 4.47　コロナ処理 EVA とアルミニウム板の圧着後の剥離強度（接着剤未使用）

〈参考文献〉

1) 小川俊夫：日本接着学会誌, **38**, 295（2002）
2) D. A. Markgraf：1993 International European Extrusion Coating, 201（1993）
3) P. B. Sherman：TAPPI Proc. Polym. Laminations Coat. Conf., No.1, 111（1997）
4) 小川俊夫, 友野直樹, 大澤敏, 佐藤智之：日本接着学会誌, **37**, 217（2001）
5) 加納亨一：湿度計測, 学献社（1989）
6) 小川俊夫, 友野直樹, 大澤敏, 佐藤智之：日本接着学会誌, **36**, 449（2000）
7) 小川俊夫, 小林正登, 菊井憲, 大澤敏：日本接着学会誌, **33**, 334（1997）
8) L. J. Gerenser, J. F. Elman, M. G. Mason, J. M. Pochan：Polymer, **26**, 1162（1985）
9) 小川俊夫, 小林正登, 大澤敏, 大藪又茂：日本接着学会誌, **34**, 298（1998）
10) 小川俊夫, 未発表資料
11) M. Strobel, C. Dunatov, J. M. Strobel, C. S. Lyon, S. J. Perron, M. C. Morgen：J. Adhesion Sci. Technol., **3**, 321（1989）
12) R. M. Overney, R. Luthi, H. Haefke, J. Frommer, E. Meyer, H.-J. Guntherodt, S. Hild, J. Fuhrmann：Appl. Surf. Sci., **64**, 197（1993）

13) S. Suzer, A. Argun, O. Vatansever, O. Aral：J. Appl. Polym. Sci., **74**, 1846（1999）
14) A. R. Blythe, D. Briggs, C. R. Kenndall, D. G. Rance, V. J. I. Zichy：Polymer, **19**, 1273（1978）
15) S. Guimond, I. Radu, G. Czeremuszkin, D. J. Carlsson, M. R.Wertheimer：Plasmas and Polym., **7**, 71（2002）
16) S. Guimond, M. R.Wertheimer：J. Appl. Polym. Sci., **94**, 1291（2004）
17) 小川俊夫，植松沙耶香，下條美由紀：高分子論文集，**65**, 67（2008）
18) 小川俊夫，長木翔子：日本接着学会第50回年次大会，P09A, 2012.6（福島市）
19) G. Beamson, D. Briggs：High Resolution XPS of Organic Polymers, Appendix 4, John Wiley & Sons, 1992
20) 家田太一，竹本雅宣：未発表データ（金沢工業大学卒業論文（2008），大学図書館にあり）
21) J. M. Pochan, L. J. Gerenser, J. F. Elman：Polymer, **27**, 1058（1986）
22) L. A. O'Hare, J. A. Smith, S. R. Lealey, B. Parbhoo, A. J. Goodwin, J. F. Watts：Surf. Interface Anal., **33**, 617（2002）
23) J. Amouroux, M. Goldman, M. F. Revoil：J. Polym. Sci., Polym. Chem. Ed., **19**, 1373（1982）
24) T. Ogawa, S. Baba, Y. Fujii：J. Appl. Polym. Sci., **100**, 3403（2006）
25) 山田祐介，小川俊夫：日本接着学会第46回年次大会，p.71,（関西大学，2008.6）

第 5 章

低圧プラズマ処理

　大気圧下ではかなりの高電圧でないと放電が起こらず，しかも高電圧にして放電が起こればアーク（雷）放電になってしまい均一な放電になりにくい欠点がある．ところが，減圧して放電空間中にガス分子の数が少なくなると，低電圧でも全体が放電して，活性化粒子が再結合して消滅することが少なくなる．このためにプラズマ状態を出現させるには，減圧化で行うのが好ましく，多くのプラズマ処理あるいはプラズマ重合のような反応は減圧下で行われている．しかも，活性化した粒子は電荷をもっていることが多いので，直流では電極に吸収されてしまって，材料の活性化にあまり機能しない．

　活性化した粒子を空間に留めて置くには 500 kHz 以上の周波数[1,2]でなければならないとされている．多くの研究例では 13.6 MHz[3]あるいは 2.45 GHz の周波数で放電されている．低圧プラズマ装置の模式図[1]を**図 5.1** に示す．本

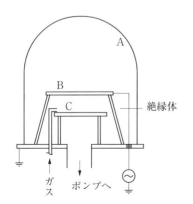

図 5.1　典型的な低圧プラズマ処理装置の模式図
A：真空チャンバー，B：ラジオ波電極，C：アース

装置は大学の研究室でもかなり容易に製作可能であるので，非常に多くの報告例があり，すべてを網羅することは到底困難であるので，著者が注目したいくつかの例を以下に紹介する．

5.1 ポリエチレンの処理[4]

ポリエチレンについてはあらゆる表面処理法でまず対象とする材料であるので，低圧プラズマ処理に関しても多くの報告がある．Gerenser[4] は表面処理に関して非常に多くの論文を発表している一人であるが，低圧プラズマ処理の例をここに紹介する．

6.7 Pa という低圧下で HDPE および LDPE に放電処理を行っている．ただ，10 W という低エネルギーで放電しているので，5-90 s かけて処理している．雰囲気ガスに酸素，窒素および Ar を用いている．このうち Ar を用いた場合，ほんのわずかの酸素（〜2 atom%）が表面に結合している．

通常処理後大気に暴露してから XPS 分析すると必ず酸素の結合がかなり認められる．したがって，これは Ar によって活性化された面に大気中の酸素ないしは水分子が反応したためと思われる．酸素あるいは窒素雰囲気でプラズマ処理したときのこれら元素のポリエチレン表面への結合割合は図 5.2 のとおりであり，放電時間とともに上昇して，ある一定値に達することがわかる．

酸素雰囲気の場合，図 5.3 に示されるように，水酸基，カルボニル基，カルボキシル基の 3 官能基が生成していて，その割合も水酸基が最も多い．表面処

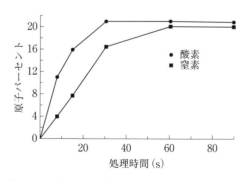

図 5.2 酸素および窒素プラズマでの PE へのそれぞれの元素結合量

5.1 ポリエチレンの処理

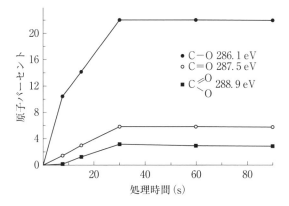

図 5.3　酸素プラズマによる官能基生成

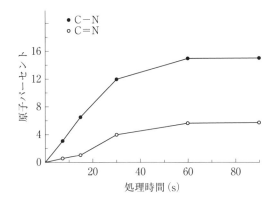

図 5.4　窒素プラズマ処理したときの官能基の生成

理では，コロナ処理等でもほぼ同じ程度認められ，方法による官能基生成差をうんぬんする程ではない．窒素プラズマ処理の例を図 5.4 に示す．この場合も官能基の生成状況は常識的な傾向である．

ここには示されていないが，窒素プラズマ処理では，かなりの酸素の結合も認められるのが通例で，窒素が 12 atom％結合するとき，酸素は 5 atom％結合している．この酸素はどこから来るかわからないが，このような事実は多くの報告例で見られる．

ところで，低圧プラズマ処理では処理に数十秒を要することが問題であり，

特別な場合を除いて工業的意味ではあまり能率的ではない．放電エネルギーを高めれば処理速度は速まるが，完全なプラズマ放電ではなくなるともいわれる．しかし，工業的な効率を考える場合はそれしか考えらえない．

　表面処理後の経時変化についても多くの報告[5]があるが，**図5.5**および**図5.6**はそれぞれPEおよびPETの例である．いずれも放置時間とともに表面酸素量や窒素量は低下する．処理が強ければ強いほど元素結合量は経時変化が速い．また，窒素の低下速度よりも酸素の低下速度が速い．Foerchら[6]はリモートプラズマという方法で，**図5.7**のような結果を得ていて，酸素量は時間経過とともに増加していてGerenserらの結果と異なる．しかし，両者はとも

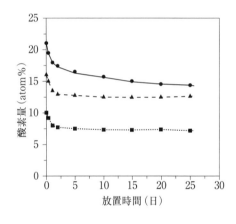

図5.5 ポリエチレンのプラズマ処理後の酸素量の経時変化
（処理時間　■：5 s，▲：15 s，●：60 s）

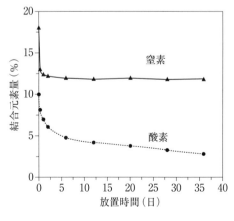

図5.6 PETの窒素プラズマ処理したときの窒素量の経時変化および酸素プラズマ処理したときの酸素量の経時変化

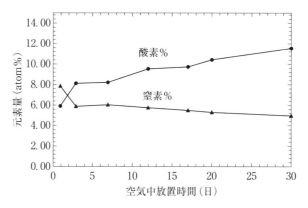

図 5.7 窒素プラズマ処理後のポリエチレン表面の窒素および酸素の経時変化

に低圧プラズマ処理であることに変わりはない．

このような経時変化をする機構として次のような式[6)]が提案されている．

$$\underset{R-\underset{\parallel}{C}-R'}{\overset{NH}{}} \xrightarrow{H_2O} \underset{R-\underset{\parallel}{C}-R'}{\overset{O}{}} + NH_3 \qquad (1)$$

$$R-CH=N-R' \xrightarrow{H_2O} R-CH=O + H_2N-R' \qquad (2)$$

ただ，これらの式で酸素が増加するということだけは説明できる．また窒素は減少するということであるが，実際は処理に伴い試料重量の減少あるいは増加の変化も起きる．この提案は経時変化全体のことではなく，これらの官能基がもし生成すればこのような変化が起きるであろう，というような意味に解釈すべきである．

5.2 ラジカルの生成

物理的な表面処理をすると，官能基の生成とともに架橋反応や分解，エッチングを伴うことはすでに述べた．非常に大きなエネルギーをもった電子や活性化した粒子が試料表面に衝突するので，物理的表面処理は機構的には非常に複

雑で，これを詳細に解明した研究は見当たらない．あまりに複雑で恐らく今後とも簡単には解明できないであろう．我々は，起こっている複雑な現象のうち，有用な面を抜き出して利用するしかない．その一つに物理的処理によって発生したラジカルの利用が考えられる．物理的処理によるラジカルの発生については，フランスのEpaillardら[7-9]が詳しい研究を行っているので，ここに紹介する．

　図5.8はポリプロピレン（PP）について窒素プラズマ処理を行ったときに生じたラジカルの数を示した図である．条件Aと条件Bは放電エネルギーがそれぞれ60 Wと100 Wというところが主な相違点である．圧力はともに30 Paで行っている．

　処理後試料表面に存在するラジカルを図5.9に示す試薬DPPHを使って滴定で定量している．70℃以上でDPPHのベンゼン溶液はラジカルをよく捕捉

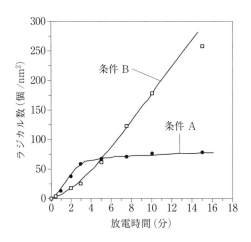

図5.8　窒素雰囲気プラズマ時間とラジカルの発生数

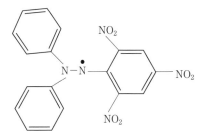

図5.9　α, α-Diphenyl-β-picrylhydrazyl(DPPH)の分子構造

する．このとき溶液は紫から黄色に変化する．すなわち，520 nm の吸収を利用するとラジカルを定量することができる．本試薬はポリマーラジカルなどを確認定量する試薬としてよく使用されている．

図 5.8 を見ると，プラズマ処理後大量のラジカルが残存していることがわかる．また，処理時間が長くなるとともにラジカル数は増加している．ただ，条件 B では 200 個/nm² というのはあまりに多すぎる．多くの原子間距離は 0.1-0.2 nm であるから，ポリマー表面が原子できれいに敷き詰められ，それぞれにラジカルが生じたとしても高々 100 個/nm² である．

表面処理した試料をそのまま試薬溶液中に浸漬して測定しているので，ポリマーの分解物も同時に測定しているために，このような大きな数字になったのではないかと考えられる．ただ，表面処理後のグラフト重合[10]も成功しているので，ポリマー表面にラジカルが存在していることは確かである．

DPPH によるラジカル数の定量は著者が追試しても，同じような値が得られた．また，空気雰囲気中でのコロナ処理でも結果は類似した値であった．Epaillard らは窒素雰囲気の場合が最も重量変化が少なかったので，窒素プラズマ処理の方法で詳細に検討しているが，あらゆる物理処理でも多かれ少なかれ，ラジカルが発生してそれが割合に安定な状態で長期間存在していることは驚くべきことである．ラジカルの発生については，またグラフト化の項でさらに詳細に述べたい．

ついでながら，Epaillard らは処理後にジクロロメタンで抽出した抽出物の NMR 分析や，表面処理物の SIMS による分析結果[8]から，以下のようなメチル基の脱離が起こって，3 級炭素が関係する通常の酸化反応や紫外線照射などとは異なっていると主張している．

$$-CH_2-\underset{|}{\overset{CH_3}{CH}}-CH_2- \longrightarrow -CH_2-\overset{\bullet}{CH}-CH_2- + CH_3\bullet \quad (1)$$

また，メチル基から水素がはずれることにより，二重結合が発生し，これが架橋構造を形成する原因となっていると主張しているが，これがなぜ窒素プラズマ処理だけに起こるか説明されていない．著者は架橋構造の形成はイミド構造の形成が主因であると考えており，見解が異なる．イミド構造の形成につい

てはコロナ処理の項で記述済みである．

$$-CH_2-\underset{\underset{CH_3}{|}}{CH}-CH_2- \longrightarrow -CH_2-\underset{\underset{\underset{\underset{-CH_2-\underset{\underset{CH_2}{\|}}{C}-CH_2-}{|}}{CH_2}}{|}}{CH}-CH_2- + H\bullet$$

$$+ H\bullet \quad (2)$$

5.3　二酸化炭素雰囲気下での処理[11]

　空気ないしは酸素雰囲気下でプラズマ処理すると，表面に酸素含有基が付加されてぬれ性は向上し接着性が改善されることはよく知られている．また，接着において，接着力を向上させる官能基として，水酸基，カルボニル基，カルボキシル基などが考えられるが，特にカルボキシル基の存在は接着に大きく寄与[12]することがいわれている．そのため二酸化炭素雰囲気下でプラズマ処理を行えば，より効果的な結果が得られるのではないかと考え実施した．

　なお，低温プラズマ処理ではあるが，図5.1とは異なり，家庭用電子レンジ用いて実施した．雰囲気ガスの置換には図5.10に示すように，電子レンジの外部で行って，それから試料の入った容器を電子レンジに入れて放電処理した．放電処理は400 W，2.45 GHzで実施しているが，最適なガス圧力は200-400 Paである．

　図5.11は雰囲気圧力を変えたときのLDPEへの酸素付加量の変化を示している．圧力が50 Pa付近から600 Paあたりまでは，酸素がよく付加するが，これ以上高圧にすると放電が起こりにくくなって酸素付加が起こらなくなる．しかも，放電時間が長くなるほど，酸素付加量が低下する．これは恐らく一旦付加した酸素含有官能基が破壊されてしまうためと思われる．

　生成した官能基量をXPSスペクトルのC_{1s}ピークの波形分離法によって推定してみると，図5.12のとおりである．水酸基の量が最も多く，カルボキシル基の量は5％程度で，酸素ないし空気雰囲気中で放電させる場合と傾向的に変わりない．このことは，二酸化炭素雰囲気中で試みた放電は結局のところ，

5.3 二酸化炭素雰囲気下での処理

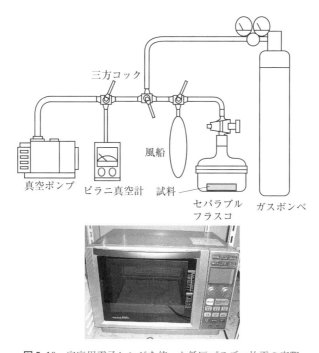

図 5.10 家庭用電子レンジを使った低圧プラズマ放電の実際

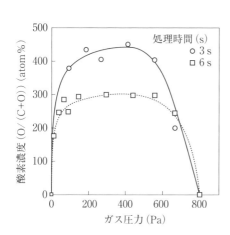

図 5.11 二酸化炭素圧力と表面酸素量の関係

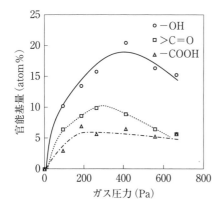

図5.12 放電時のガス圧力と生成官能基の関係

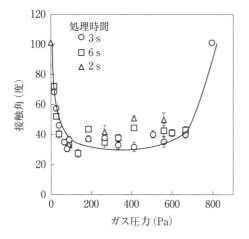

図5.13 二酸化炭素圧力とプラズマ処理後の水の接触角

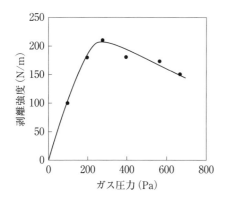

図5.14 低圧プラズマ処理したLDPEとPETの剥離強度
（PETは無処理）

5.3 二酸化炭素雰囲気下での処理

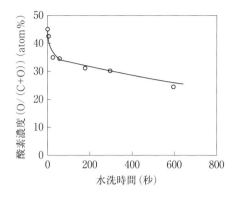

図 5.15　LDPE のプラズマ処理後の表面酸素濃度と水洗時間の関係

二酸化炭素が分解して通常酸素と同じ挙動をしている結果になった．水の接触角は図 5.13 に示されるように，最大で 30°まで低下して，非常にぬれ性が改善されていることを示している．仔細にみれば，放電時間が長くなるとかえってぬれ性が悪くなっており，酸素付加の挙動と同じ傾向である．

図 5.14 は低圧プラズマ処理した LDPE と未処理の PET を熱圧着した後剥離試験を行ったときの剥離強度とプラズマ処理時のガス（二酸化炭素）圧力との関係を示す．剥離強度の傾向は表面酸素量や官能基の挙動に近い傾向を示していて，最適な雰囲気ガスの圧力があることがわかる．

雰囲気ガスを二酸化炭素に変えたときに生成している成分チェックの一助として超音波洗浄機によって洗浄した．その結果，洗浄時間 50 秒以内で表面酸素量が 10% 以上も減少していることが図 5.15 より明らかである．このことから，表面処理によってかなり低分子化合物が生成していることを物語っている．しかし，このような低分子の水溶性化合物は必ずしも接着に悪い結果をもたらすわけではないことが，図 5.16 からいえる．すなわち，未洗浄のときの方が洗浄した PE を用いるよりも PET との接着強度が大きいからである．恐らく表面処理よって生成した PE の酸化生成物は多官能性で PE，PET 両者に接着性を有する化合物と思われる．無論この酸化生成物は極端な低分子物というよりもかなりオリゴマー成分を含むのではないかと思われる．

第5章　低圧プラズマ処理

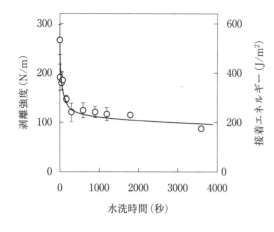

図5.16　表面処理後水洗したPEと未処理のポリエチレンテレフタレート（PET，未処理）の剥離強度

5.4　塗料の付着性の改善

　ポリプロピレンを低温プラズマ処理して塗料の付着性を改善できた具体例[13-15]を以下に示す．塗料の付着性の評価法はJIS K-5600-6-6やK-5600-5-7で規定されている．特に前者はクロスカット法とも呼ばれているように，塗装した後塗膜に切込みを入れてから粘着テープを貼った後，一定速度ではがして剥離具合を評価するものである．

　この方法で問題のある点はナイフで切込みをいれるというかなり，破壊の要素を伴っていることである．また，JIS規格では5段階の評価にしているが，ここではこの方法を改良して定量的な評価を試みた．

　まず，できるだけ材料の切込みの影響を少なくするため図5.17に示すようにローラーカッタを用いて，荷重や速度を一定にして切込みを行った．粘着テープを一定速度で180°剥離した例が図5.18に示されている．切込みは1mm間隔で行い，剥離は右側から左側に剥離したものであるが，場所によってかなりのバラツキが認められる．しかし，これらを平均して塗膜の付着率として表示すると，低温プラズマ処理条件の一つである，空気圧を横軸にして塗膜の付着率を示したものが図5.19である．

　この図に見られるように，クロスカット法による評価も，実験条件に十分な注意を払えば定量的な評価ができる．いずれにしても，ポリプロピレンに低温

5.4 塗料の付着性の改善

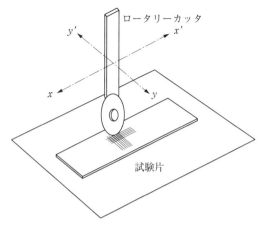

図 5.17 ローラーカッタを用いた塗膜への切込み

図 5.18 粘着テープ側への塗膜の付着状態
（横の数値は粘着テープではなくポリプロピレンへの付着率）

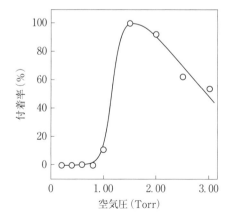

図 5.19 低温プラズマ処理における空気圧と塗膜の付着率の関係
（1 Torr＝133 Pa）

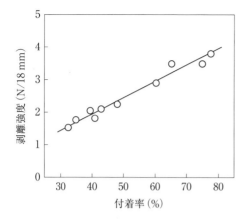

図 5.20 塗膜の付着率と剥離強度の関係

プラズマ処理を行うと塗料の付着性が著しく改善できることが明らかである．また，このことは塗膜の付着力の評価からもいえる．図 5.20 は塗膜の付着強度と付着率の関係を見たものであるが，付着率が上がれば付着強度（剥離強度）も上昇することが明らかである．

〈参考文献〉

1) R. d'Agostino, F. Cramaross, and F. Fracassi : in Plasma Deposition, Treatment, and Etching of Polymers, Ed. R. d'Agostino, Academic Press, New York, 1990, p.95.
2) Chi-Ming Chan : Polymer Surface Modification and Characterization, Hanser Publishers, Munich, 1993, pp.225.
3) K. Asfardjani, Y. Segui,Y. Aurelle, and N. Abidine : J. Appl. Polym. Sci., 43, 271 (1991)
4) L. J. Gerenser : J. Adhesion Sci. & Tecchnol., 1, 303 (1987)
5) L. J. Gerenser : J. Adhesion Sci. & Technol., 7, 1019 (1993)
6) R. Foerch, N. S. McIntyre, R. N. S. Sodhi, D. H. Hunter : J. Appl. Polym., Sci., 40, 1903 (1990)
7) F. P. Epaillard, J. C. Brosse, T. Falher : Macromol. Chem. Phys., 200, 989 (1999)
8) F.P. Epaillard, B. Chevet, J. C. Brosse : J. Adhesion Sci. Technol., 8, 455 (1994)
9) F.P. Epaillard, J. C. Brosse, T. Falher : Macromol. Chem., 199, 1613 (1998)

参考文献

10) F. P. Epaillard, B. Chevet, J. C. Brosse：J. Appl. Polym. Sci., **53**, 1291 (1994)
11) 小川俊夫, 佐藤智之, 大澤　敏：日本接着学会誌, **35**, 331 (1999)
12) 柴崎一郎：接着百科（上）, p.188, 高分子刊行会 (1988)
13) 小川俊夫, 丹野智明, 志保沢正達：日本接着学会誌, **28**, 279 (1992)
14) 小川俊夫, 河原博幸, 丹野智明, 志保沢正達：日本接着学会誌, **29**, 497 (1993)
15) 小川俊夫, 河原博幸, 志保沢正達：日本接着学会誌, **30**, 161 (1994)

第6章

大気圧プラズマ処理

6.1 概　　要

　多くの物理的表面処理法は気体分子を励起させてプラズマ状態にした後，この励起させた粒子を試料表面に衝突させて，官能基を付与するものである．非常に効率の良いコロナ処理も同じである．しかし，コロナ処理ではアーク放電（かみなり放電）となる部分があり，試料を加熱させ過ぎたり，あるいは損傷させたりする恐れがある．また，仔細にみれば多かれ少なかれ処理状態に不均一な部分が生ずる．一方，低圧プラズマ処理ではこれらの問題は生じない．したがって，処理の状態は低圧プラズマ処理が好ましい．しかし，工業的な面では処理時に常に低圧に保つことは非常にコストのかかる方法になってしまう．

　理想的には低圧プラズマ処理のような均一な処理で，温度の上昇もなく，しかも減圧しないで処理できれば理想的である．このような要望の下に生まれたのが大気圧プラズマ処理（常圧プラズマ処理ともいう）である．まず，低圧プラズマ処理のような放電を起こすには雰囲気ガスの種類を変えると実現できることが報告された．

　図 6.1 は He や Ar ガス [1-4] あるいはメタンガスに He をわずか加える [5,6] とコロナ放電がグロー放電に変わることが示された．しかし，これらの提案では希少なガスを用いるので，工業的観点からは現実的ではない．それで N_2 ガスにおいてもグロー放電になることが期待され，多くの論文ではこれを大気圧プラズマ処理と称している．しかし，この方式はコロナ処理装置と基本的に同じ装置で実施できる．ただし，N_2 ガス置換が不十分で酸素が1％でも混入し

第6章 大気圧プラズマ処理

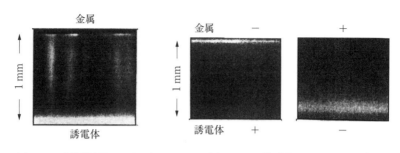

(a) コロナ放電 (CH$_4$: 100%)　　(b) グロー放電 (He : CH$_4$ = 98 : 2)

図 6.1 同一装置で雰囲気ガスの組成を変えたときの放電の違い[5]

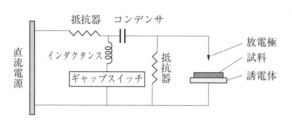

図 6.2 パルス型大気圧プラズマ放電の電気回路[6]

ていれば，取り立てて特異な現象も見られない．この方法については，コロナ処理の項において詳述してあるので，そちらを参照されたい．

　もう一つの方法は数 μs の短いパルス幅による放電である．放電が短時間の間はグロー放電であるが，放電時間が長くなるとアーク放電になることが電気工学の分野で知られている．パルス放電法を具体化した回路[7,8]が**図6.2**である．パルス幅 1 μs 以上 20 μs 以下，平均電界強度 4～20 kV/cm，パルス頻度 10 pps 以上で実施する．この方式で処理した場合の表面の均一性はコロナ処理より高い[9]ことが，**図 6.3** より明らかである．また，処理による温度上昇も大気圧プラズマ処理の方がコロナ処理よりもかなり少なく，処理時に 150℃ 以上にはならない．この他に，圧搾空気を利用してアーク放電の不均一発生と加熱状態を抑制した方法も最近よく知られるようになっている．

　一般に繊細な処理を行うときは，大気圧プラズマ処理を行うことが好ましい．ただし，装置が複雑で高価になったり，広域処理が難しいなどの問題もある．

6.2 パルス放電による処理

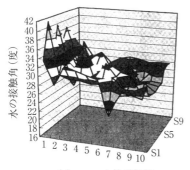
(a) コロナ放電処理

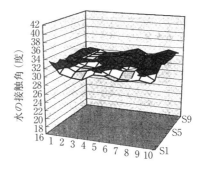
(b) 大気圧プラズマ放電処理

図 6.3 コロナ放電と大気圧プラズマ放電で処理したポリイミドフィルムの表面均一性の比較（N_2 ガス中処理）
（処理速度：1 m/min，図の x,y 軸は測定ポイントの意味）

6.2 パルス放電による処理

パルス放電による具体例については芳香族ポリイミド，ポリプロピレン繊維，液晶ポリマーなどに適用して，接着性改善に大きな効果があったことが報告[9]されているが，具体的なデータがあまり示されていない．そこで，ここでは著者らが行った結果について報告[10]したい．

まず，この方法で放電させたときの状況を示せば図 6.4 のような状態である．上部が銅板で下部はセラミックの板（誘電体）を介して電極が置かれている．放電状態はコロナ放電に似ているが，プラズマ状態はパルス放電の場合の方が均一性は高いことが，処理効果の均一性に繋がっている．この方式では著者らの経験では見かけ上連続して放電が起きているように見えるが，処理全体で放電を起こしている時間が非常に短い．1 回での処理効果は非常に小さいものであり，繰り返し処理をしないと，十分な処理効果が得られなかった．

表面酸素の結合量を見ると図 6.5 に見られるように，1 回では不十分で，結局 10 回程度繰り返し処理を行う必要があった．ちなみに，このときの実験条件は電極間距離 10 mm のとき，平均電界強度は 6 kV/cm，パルス頻度は 130 pps である．こうすると表面の酸素付加量もかなり増加する上，電極間距離も 10 mm というかなり広い空間でも処理が行えることがわかった．阿久津

第6章　大気圧プラズマ処理

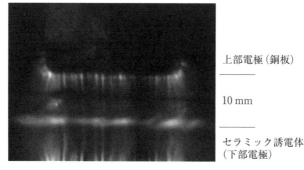

図 6.4 パルス放電の様子（雰囲気ガスは空気）

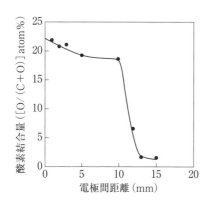

図 6.5 低密度ポリエチレンを空気雰囲気下大気圧プラズマ処理（パルス放電）したときの電極間距離と酸素結合量の関係（繰返し処理回数：10回）

は波高値 200 kV 以上の高電圧でのパルス放電を行って幅 35 cm ほどの空間でも処理できる[8,11]ことを示していて，これは特筆すべきことである．コロナ処理では高々 3 mm 程度の電極間距離での放電になるので，厚かったり曲がったりした試料には適用できない．もし厚い試料でコロナ処理すれば放電の不均一性が著しく増加して，結果的に処理がかなり不均一になると同時に，アーク放電の量が増加するので試料を損傷させる恐れが出てくる．なお，形が複雑な試料に対しては後述する火炎処理がコスト的にも，速度的にも有利なように思える．

　どの表面処理法でもある程度いえることであるが，実験条件を変えるとかなりのことまでできるので，方法間の優劣を論ずるのは容易でない．そこで，大気圧プラズマ処理の場合における実験条件の影響についても以下に触れてみた

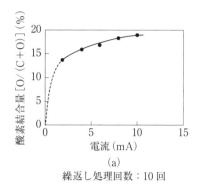
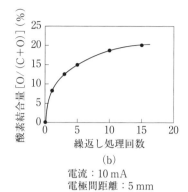

図 6.6 酸素結合量に及ぼす実験条件の影響
（電極間距離：5 mm）

い．

まず電流であるが**図 6.6** に見られるように 5 mA 以上になると酸素結合量も 15 atom％以上になり，実用上十分な処理状態になる．また，繰返し処理回数も前述のように 10 回程度になれば問題なくなることがわかる．しかし，電流値や電界強度を大きくすれば，繰返し処理回数をぐっと減らすことができる．この辺はかなり実験条件の選択次第であるが，その場合は使用装置の変更や改良も伴うのでそう容易ではない．

ところで，雰囲気ガスを変えることによって結果が大きく変わってくることは，方法の如何を問わない．特に N_2 ガスを用いると特徴的変化が見られる．窒素雰囲気下で，低密度ポリエチレンを処理した場合と空気の場合の水の接触角の変化を**図 6.7** に示す．

両者は雰囲気ガス以外の実験条件はまったく同じであるが，窒素ガスを用いた方が，若干初期の接触角が小さい．その後両者は類似の経時変化をするが，窒素ガスで処理した方が明らかに変化が少なく，20 日も経過すれば窒素ガス中で処理した方が空気処理の場合より 10 度も低くなる．この際の雰囲気ガス中の O_2 の量は 2000 ppm（0.2％）であるが，これがさらに減少させられればさらに大きな差が生ずるはずである．

この現象はコロナ処理の場合でもまったく同じである．N_2 は定常状態では不活性ガスであるが，Ar や He とはまったく違った性質をもっている．すな

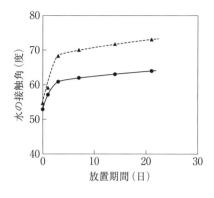

図 6.7 低密度ポリエチレンを大気圧プラズマ処理したときの安定性（空気中放置）
● : N_2 ガス（酸素量：2000 ppm），
▲ : 空気

わち，プラズマ状態になると，N_2 は活性化して，いわば 3 官能性モノマーのような働きをして，ポリマーの酸化分解物を架橋させて低分子化を抑制していると考えられる．

6.3 不活性ガス置換法

大気圧プラズマと称する方法にはパルス放電の他に He，Ar，N_2 などの不活性ガスを用いるとグロー放電になり，良好なプラズマが得られることは前述したとおりである．この他にも，不活性ガス中で特殊な導電性セラミックスを置いて高周波放電[12]させると，良好なプラズマが得られるとか，放電電極の一方ができるだけ細い状態[13]が良いなどの報告がある．ただ，これらは基礎研究であって，実用化にはどのような構造の放電装置がよいかが問題である．

実用装置用として，少なくとも He は高価であり，資源枯渇も心配されていることから用いることはできない．N_2 は何といっても廉価で，状況により自家製も可能であるので，工業的には最も適している．この方法については，コロナ処理の項で著者らの経験[14]を記述してある．しかし，その場合は雰囲気ガス中に 2000 ppm（0.2%）以上の酸素が存在した．また，電極はコロナ処理とまったく同じであったため，コロナ処理の項目で記述した．電極の構造なども配慮した上，ほぼ完ぺきに窒素置換雰囲気下で放電処理されている方法[15]があるので，以下にそれを紹介する．

原則はコロナ放電装置と同じであるが，**図 6.8** のような放電雰囲気になっている．まず，放電室内を完全な窒素雰囲気に保つため，電極の両端に雰囲気ガ

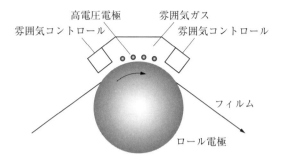

図 6.8 基本的に窒素雰囲気中で処理するための放電位置模式図
（現在最大 4 mm，300 m/min で処理可能な装置あり）

スと別途に窒素ガスを流す．放電部分は別の流路から流入させて窒素ガス状態にする．電極も巨大電極とはせず小さな電極をいくつか並べて，放電エネルギーも 3000〜6000 J/m² 程度の低い状態で放電させる．系としてはコロナ処理装置によく似ているが，まず放電部分が外部とよく遮断されていることである．

このような放電部分の構造だけであると，下部電極のロールが回転するので，いくら完全な窒素置換の状態にしても，回転とともに空気を抱き込んでしまって完全な窒素置換の放電状態にはならない．しかし，図 6.8 のような「雰囲気コントロール」部分に，雰囲気ガスとは別の経路の窒素ガス（雰囲気ガス）を流してやれば，かなり高い純度の窒素ガス雰囲気で放電が起こるはずである．さらに，電極数を増やして，一つ一つの電極の放電エネルギーを小さくしてやれば，より完全なグロー放電[16]になることがわかっている．こうしてやると放電処理効果の経時変化がきわめて小さい表面が得られる．

図 6.9 に見られるように，処理後 20 日までは表面エネルギーが徐々に低下するが，それ以降はきわめて安定して 50 mN/m の値を保っている．最近の報告[17]では初期段階から表面エネルギーがほとんど変化しないということもいわれている．詳細は不明であるが，表面に付加した酸素と窒素の割合は**表 6.1**の値が得られていて，大量の窒素が付加している．ただ，このような配慮をしてもなお大量の酸素が付加している．これは放電箇所のシールが完全でないことと，酸素があまりにも活性であるためと思われる．

また，処理当初は酸素が付加していなくとも，処理後かなりの間表面は活性な状態でラジカルが大量に残存しているため，空気中の酸素と反応するはずで

第6章 大気圧プラズマ処理

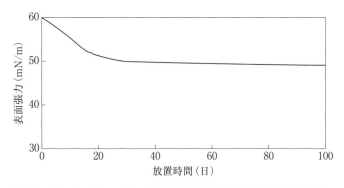

図6.9 ポリプロピレンを完全窒素置換した状態で放電処理したときの表面張力の経時変化

表6.1 ポリプロピレンについて大気圧プラズマ処理したときの表面元素濃度

実験	放電エネルギー (J/m^2)	C(atom%)	O(atom%)	N(atom%)
No.1	3000	88.69	6.80	4.51
	6000	85.68	7.78	6.54
No.2	3000	85.30	11.15	3.55
	6000	82.54	11.63	5.83

ある．表面処理後大気中に取り出した後，XPS法で表面元素を分析した結果が表6.1に当たるので，酸素の大量付加は避け難い．ただ放電エネルギーはこの場合それほど大きくないので，酸素および窒素の表面付加量はそれほど多くはない．放電エネルギーを上げれば当然酸素，窒素は増大し著者らの結果[14]に近くなるはずである．

また，窒素の結合形態であるが，分析の詳細は不明であるが，主にアミド基とアミン基が存在するようである．ただし，N_{1s}のケミカルシフトは大きくないので，窒素官能基の種類をXPSで見分けることは非常に難しく，この辺の判定はあまり信頼できない．いずれにしても窒素原子が付加することによって，表面状態の経時変化が少なくなっていることは間違いない．

6.4 アーク放電方式大気圧プラズマ法

この他にも最近大気圧プラズマ装置と称するものが市販[18]されている．こ

6.4 アーク放電方式大気圧プラズマ法

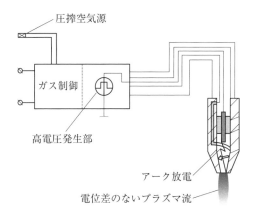

図6.10 圧搾空気を利用したアーク放電型大気圧プラズマ装置の概略図

れはアーク放電状態でプラズマを発生させるが，プラズマが均一でなく，また発熱の問題がある．そこで，図6.10に示すように圧搾空気でプラズマを小さなノズルから吹き出させて冷えたプラズマ流[19]にして利用する．一ヶ所の放電では非常に狭い範囲を処理できるに過ぎない．したがって，広い範囲を処理するには，プラズマを試料に吹き付ける形状にして，いくつもの電極を使うとか，放電部分をロボットに搭載するなどの方法が採られて，利用範囲を広げている．

〈参考文献〉

1) M. M. Keketz, M. R. Barrault, J. D. Crrags：J. Phys., D：Appl. Phys., **3**, 1886 (1970)
2) S. Kanazawa, M. Kogoma, T. Moriwaki, S. Okazaki：J. Phys., D：Appl. Phys., **21**, 838 (1988)
3) 小駒益弘：表面技術, **51**, No.2, 21 (2000)
4) 相馬　誠, 上田友彦, 山崎圭一, 澤田康志, 中園佳幸, 井上吉民：松下電工技報, Nov., 61 (2002)
5) 野崎智弘, 岡崎健：高温学会誌, **28**, No.3, 113 (2003)
6) 野崎智弘, 岡崎健：J. Vac. Soc. Japan, **47**, 848 (2004)
7) K. Akutsu, A. Iwata, Y. Iriyama：J. Photopolym. Sci. Technol., **13**, 75 (2000)

8) 特許公報，第 2935772 号，1999 年 8 月 16 日発行，(特許権者；日本ペイント（株），マツダ（株）)
9) 岩根和良：日本接着学会誌，**42**，519（2006）
10) T. Ogawa, M. Gejyo, S. Genda：J. Adhesion Soc. Japan, Special Issue on WCARP-V, **51**, 248（2015）
11) 阿久津顯右，日本ペイント株式会社，R&D 技術資料，PLS2-01（2002.3）
12) 清川和利，杉山和夫：表面技術，**51**，No.2，29（2000）
13) S. Kanazawa, M. Kogoma, T. Moriwaki, and S. Okazaki：J. Phys., D：Appl. Phys., **21**，836（1988）
14) 小川俊夫，植松紗耶香，下條美由紀：高分子論文集，**65**，67（2008）
15) E. Prinz：26th Munich Adhesive and Finishing Symposium 2001，p.56（2001）
16) S. Guimond and M. R. Wertheimer：J. Appl. Polym. Sci., 94，1291（2004）
17) ソフタル・コロナ・アンド・プラズマ GmbH 日本支社，Aldyne^{TM} 技術資料（埼玉県越谷市），048-940-3818
18) 例 1；丸文（株）システム営業本部，052-563-1181
    例 2；日本プラズマトリート（株），03-3244-0035
    例 3；エア・ウオーター（株），産業ガス関連事業部，プラントガス部，06-6252-1384
19) 山田芳樹：コンバーテック，No.6，80（2009）

第7章

紫外線処理

7.1 紫外線の発生と効果

我々が通常扱う可視光付近の領域は紫外線，可視光線それに赤外線に分けられる．可視域に入る波長である 400 nm 以上の光は，赤外線を含めて分子を破壊しないで，原子間の振動を励起させるだけである．したがって，この領域の光では表面処理はできない．ところが，波長が 400 nm の以下になると，光子のもつエネルギーが原子間結合エネルギー以上になってくるので，原子間結合が破壊される．その結果として見かけ上表面処理が行える．むろん表面処理と同時に分子の切断も発生する．

 紫外線の発生源として通常採用されているのが，水銀ランプである．これには高圧水銀ランプと低圧水銀ランプとがある．前者は 10^5 Pa 以上の水銀蒸気，後者は 100 Pa 以下の水銀蒸気中で放電するときに発生する紫外線が利用される．発生する紫外線は多くの波長の光の集合体であるが，高圧水銀ランプでは主波長が 365 nm，低圧水銀ランプでは主波長が 185 nm と 254 nm で，後者は図 7.1 のようなスペクトル分布[1]になる．

 前者ではある程度分子破壊するが強力ではない．後者が通常表面処理に使用される．紫外線を照射すると空気中の酸素が一部オゾンになるのでこれも表面改質に寄与するため，紫外線処理法は UV オゾン法と呼ばれることも多い．紫外線の光源には Xe ガスを用いた Xe エキシマランプも使用される．これにはピーク波長が 172 nm のランプが表面処理に適していて，液晶パネルの製造などに用いられている．最近では 300 nm 以下の光を出す紫外線用 LED も開

第7章　紫外線処理

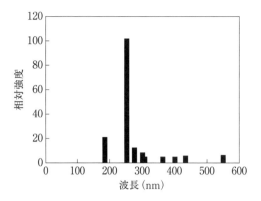

図7.1　低圧水銀ランプの発光スペクトル

発され使用されるようになった．しかし，報告された論文では低圧水銀ランプでの例が圧倒的に多い．

7.2　ポリオレフィンの処理

　表面処理の最も対象になりやすいポリオレフィンの場合である．図7.2は二軸延伸ポリプロピレン（BOPP）の例[2]であるが，処理時間は数分を要する．この場合処理効果を水の前進接触角と後退接触角でしか示していないが，平面での水の接触角では処理5分で60度程度であるから，コロナ処理における効果とほぼ同じ程度であることがわかる．水洗すると接触角は少し上昇するので，5分も処理すると水溶性の低分子化合物が生成していることを物語っている．この研究では，空気の中にオゾンガスを混合して効果を見ているが，0.1％程度の混入では結果にあまり影響がない．オゾンは確かに酸化剤ではあるが，割合安定で瞬時に反応させる表面処理のような工程では，効果はあまり期待できない．

　低密度ポリエチレン（LDPE）の場合[3]であるが，図7.3に示されるように40分も処理すると表面酸素量は20 atom％に達する．水の接触角も50°以下になった．しかし，ポリエチレンテレフタレート（PET）との接着力は図7.4に見られるようにあまり上がらず，160 N/m以下であった．この場合，PETには何も処理していないが，この程度の接着力ではコロナ処理よりも劣る．このような事実から単純なフィルム状の試料について紫外線処理するのはあまり

7.2 ポリオレフィンの処理

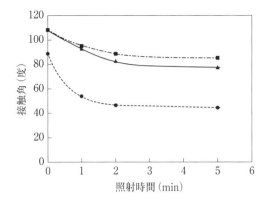

図 7.2 二軸延伸ポリプロピレンに対する UV 照射時間と水の接触角の関係[2]（低圧水銀ランプ＋低濃度オゾン）
前進接触角 ▲：未洗浄，
■：水洗　後退接触角
●：未洗浄

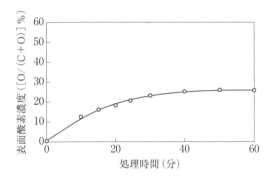

図 7.3 LDPE に対する紫外線照射時間と表面酸素量の関係

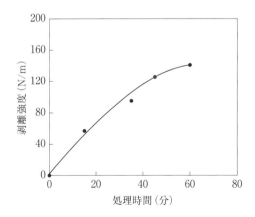

図 7.4 LDPE/PET の剥離強度と処理時間の関係

効率的でなく，特殊な形状や細かい領域の処理に紫外線処理法を使うのが適当であろう．紫外線処理は表面粗さにはそれほど大きな変化を与えないが，この場合では30分照射で算術平均粗さが10倍になった．

BOPPの場合とLDPEの場合では結果に違いがあるように見える．光源そのものはよく似ているが，これは前者の場合光源と試料間距離が5 mm，後者では25 mmであることに関係している．このように装置を使った処理実験では細かい実験条件が異なる場合が多いので，結果の直接比較は難しい．

7.3　エチレン・ビニルアセテート共重合体（EVA）

EVAは太陽光パネルの封止材として使われており，最近ではかなりよく知られた樹脂の一つである．紫外線処理はこのような材料の場合使用しやすい．図7.5は10 mW/cm^{2}の実験用照射装置での処理結果[5]である．このポリマーはエステル基を有しているので，表面張力は元々小さい．BOPPの場合と比較すると，処理効果も小さいが，エチレン含量の多い試料の効果が大きい．紫外線処理ではエステル基は安定で，メチレン基が反応しやすいことを物語っている．試料名の付加されている数字はビニルアセテートの含量を重量パーセントで示したものである．この場合もやはり，処理後の経時変化は認められたことから，処理に伴う低分子化が起こっていることを示す．ポリクロロプレンとポリイソシアネートの混合接着剤で，処理したEVA同士を接着して剥離試験を

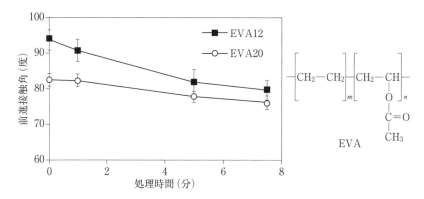

図7.5　EVAのUV処理時間と前進接触角の関係
　　　（試料距離：2 cm）

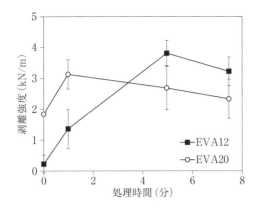

図7.6 接着剤を用いてEVA同士を接着したときの剥離強度

行ってみると図7.6に見られるように，EVA12の方が高い剥離強度を示したが挙動は複雑で，生成した表面脆弱層の影響が考えられた．

7.4 エンジニアリングプラスチック

　紫外線処理はコロナ処理などでは実施し難い小さな成形物などに応用されていることが多い．ここではそれらの例を紹介したい．ポリブチレンテレフタレート（PBT）およびポリフェニレンサルファイド（PPS）を表面処理した結果[5]を図7.7，図7.8に示す．

　これは200Wの紫外線ランプを3個使って処理したというから，かなり強力な処理で実用を考えてのことと思われる．この結果は2～3分で表面張力はかなり大きくなり，接着強度も十分大きいことがわかる．ただ，図7.8では省略したが，あまり処理すると表面張力は上がるが，接着強度はむしろ低下していた．これは，処理し過ぎると表面酸化が進行し過ぎて，酸化生成物が低分子化して表面脆弱層を形成したためと思われる．

　表面処理したPBTではカルボニル基が大量に生成していることが報告[6]されていることから，通常簡単には酸化しないフェニル基まで酸化が進んでいると思われる．このため，実施に当たっては最適な条件を選択する必要がある．

　図7.9は芳香族イミドに紫外線照射したときの水の接触角の挙動[7]を示したものである．

　これらのモノマーの構造はやや複雑であるので，図7.10に分子構造を示し

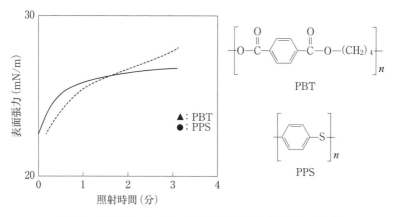

図 7.7 PBT および PPS に対する照射時間と表面張力の関係
（試料距離：5 cm，光源：200 W 3 個使用）

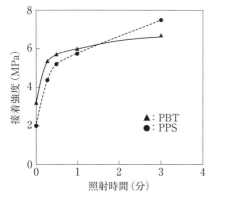

図 7.8 PBT および PPS に対する照射時間と接着強度の関係
（二液性エポキシ系接着剤）

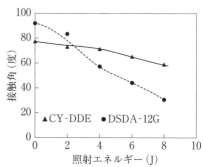

図 7.9 ポリイミドの紫外線照射に伴う水の接触角変化

ておいた．横軸はこの場合エネルギーで示されているが，これまで示した図との対応では 8 J が約 20 分の照射時間に相当する．両ポリマーとも紫外線照射によって接触角は低下して，ぬれ性は向上する．しかし，処理効果には両者に大きな違いが見られる．CY-DDE では芳香環だけで分子構造が成り立っているが，DSDA-12G では長いアルキル鎖が 3 本結合している．そして，後者は前者より 3 倍ほど紫外線処理効果が大きい．このことは，アルキル鎖は紫外線

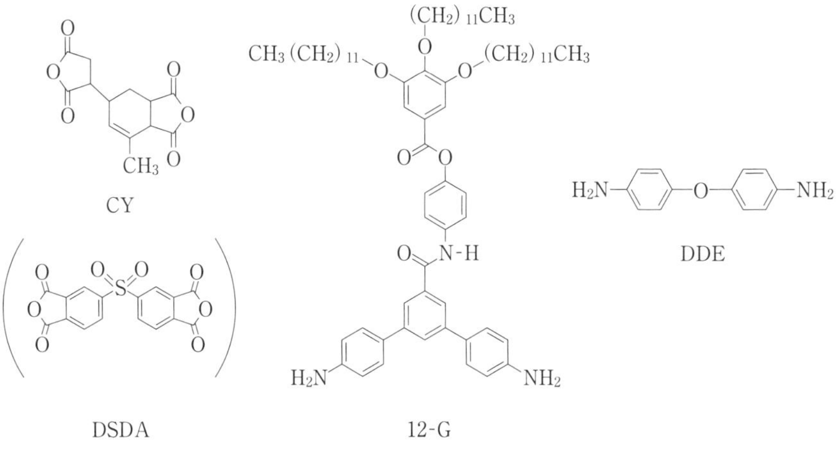

7.4 エンジニアリングプラスチック

図 7.10 芳香族モノマーの分子構造（図 7.9 の記号）

で非常に酸化されやすいが，芳香族は割合安定であることを物語っている．

〈参考文献〉
1) 寺本和良：材料技術, **14**, 283 (1996)
2) L. F. Macmanus, M. J. Walzak, N. S. Mcintyre：J. Polym. Sci., Part A, **37**, 2489 (1999)
3) 佐藤智之：金沢工業大学学位論文 (2002)
4) M. D. Landete-Ruiz, J. M. Martin-Martinetz：Int. J. Adhesion & Adhesives, **58**, 34 (2015)
5) 寺本和良，岡島敏浩，松本良家，栗原茂：日本接着学会誌, **29**, 180 (1993)
6) T. Okajima, K. Teramoto, H. Kurokawa, T. Ogama, M. Yoshida, I. Iida, Y. Matsumoto：Int. Adhesion Symp., in Japan, Abstract, 13 (1994)
7) 津田祐輔，橋本有紀，松田貴暁：高分子論文集, **68**, 24 (2011)

第8章

火炎処理

8.1 火炎処理の基礎

　放電によってプラズマ状態になれば電子の運動エネルギーも大きくなり，また原子も活性状態になる．これは放電現象だけに特有なものではなくて，燃焼するときにも原子が活性化されて同じような現象が起こる．プロパンガスのようなガスを燃焼させると，完全燃焼に近い状態では2000℃以上に達する[1]ことが知られている．このような状態では炎が青白い色となり原子を瞬時にプラズマ状態にする．火炎処理による表面処理法はかなり古くから知られていて，1950年代に米国で特許出願[2]がなされている．

　火炎処理はガスを燃焼させるだけであるので，割と簡単な装置で実施できる．ただし，炎の状態を均一にするためにノズルに若干の工夫がなされていて，一例を**図8.1**に示すように，ノズルの端と中心ではガスが出る穴のサイズが均一ではない．炎全体はきわめて均一な状態にあり，しかも**図8.2**に見られるように，長さ60cmにわたって均一な炎となっている．

　火炎処理法では試料表面に多少の凹凸があっても均一に処理できる．このためボトル表面や曲がった自動車部品なども容易に処理できる．自動車部品のような複雑な成形品にはバーナーをロボットに装着して実施されている．使用ガスは何でも構わない．

　表8.1は家庭用プロパンガスを用いた実施例である．空気とガスの混合比はこの場合25：1である．プロパンガスが完全燃焼すると考えると，以下の式が成立する．酸素はメタンガスの5倍の量が必要であるが，酸素は空気中に1/5

第8章 火炎処理

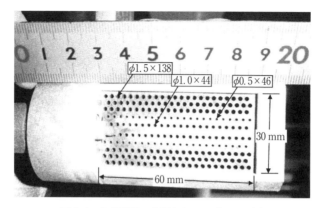

図 8.1 火炎処理に使用されるノズルの一例

図 8.2 炎の状態

表 8.1 火炎処理実験の条件例

燃料ガス	プロパン（LPG）
ガス流速	5.6 L/min
空気流速	140 L/min
空気：ガス	25：1
ノズルと試料間の距離	180 mm
処理速度	50 m/min

しか含まれないので，結局空気はメタンガスの 25 倍の体積が必要になる．

$$C_3H_8 + 5O_2 \longrightarrow 3CO_2 + 4H_2O$$

この比は化学量論的に完全燃焼する状態である．ガスと空気の最適な混合比[3]は使用するガスによって当然変わってくる．混合比は化学量論的な理想値より若干ずれる[4]ことがわかっている．たとえば，メタンガスを燃料にしてPPの処理をする場合，化学量論的にはガス：空気 =1：10 であるが，実際は

1：10.3が最適であった．また，存在する水蒸気によっても影響を受けるので，装置購入時にそれらの詳細を把握しておくことが必要である．なお，最近では単純な火炎処理に加えて，燃焼ガス内に軽沸点のシリコン化合物を気化させる方法も見られる．この方法は通常イトロ処理[5]（和製英語？）と呼ばれている．シリコン化合物は炎によって分解してポリマー表面に付着する．主な構造として $-Si-OH$ の形の官能基が形成されるため，これが接着に寄与すると考えられている．

8.2 ポリプロピレン成形物への応用

図8.3はポリプロピレン（PP）に通常の火炎処理とイトロ処理を施したときのXPSスペクトルを示す．未処理のPPでは炭素のピークが主体で，わずかに酸素のピークも認められる．この酸素はPPに添加されている酸化防止剤に由来するものである．これに火炎処理を施すと酸素に由来するピークの強度が大きくなっていることがわかる．イトロ処理を施すと，酸素に由来するピーク強度も増加しているが，新たにケイ素に由来するピークが認められる．

ケイ素に由来するピークは2箇所にほぼ同じ強度をもって現れるので，容易に判別することができる．なお，このような処理を行っても，窒素はほとんどポリマーに結合しないことは図8.3でも400 eV付近に窒素に由来するピークが存在しないことから明らかである．

酸素のPP表面への結合量は図8.4に示されるように通常の火炎処理でも，

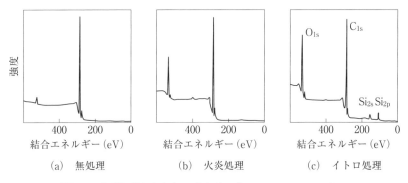

図8.3 火炎処理したときのポリプロピレンのXPSスペクトル

第8章 火炎処理

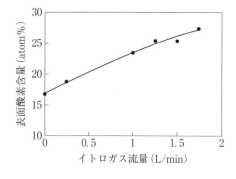

図 8.4 火炎処理およびイトロ処理したときの表面酸素量の変化

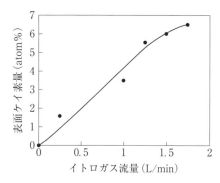

図 8.5 火炎処理およびイトロ処理したときの表面ケイ素量の変化

15 atom%以上になるが,イトロ処理ではケイ素の酸化物由来の酸素が加わり,かなり増加する.これは前述のように $-Si-OH$ の形になっているものと思われる.なぜならば,XPS法による化学修飾法で水酸基を測定すると,シリコン化合物のガスの流速とともに増加するからである.また,PP表面のケイ素含量も図 8.5 に示されるようにガスの流速とともに単調に増加することからも明らかである.

図 8.6 は表面処理前後のSEM写真を示したものである.火炎処理後は表面に若干凹凸が増えているが,イトロ処理後は明らかな凹凸の増加が見られ,シリコン粒子が付着しているように見える.イトロ処理表面の飛行時間型二次イオン質量分析法(TOF-SIMS)による分析結果では $-Si-O-C-$ あるいは $-C-Si-O-$ のような炭素とケイ素をもつフラグメントは検出されていないので,シリコン化合物粒子は単にPP表面に埋まるように付着しただけではないかと思われる.

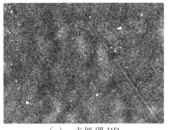
(a) 未処理 PP

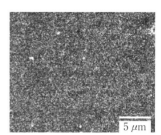
(b) 火炎処理 PP

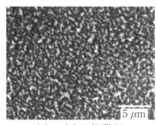
(c) イトロ処理 PP

図 8.6 火炎処理した PP の電子顕微鏡写真

8.3 ポリエチレン（PE）への応用

　低密度 PE フィルムについてコロナ処理と火炎処理を比較した例[6]がみられる．表面酸素の付加量は火炎処理の方が多い．水の接触角も火炎処理の方がコロナ処理より小さくなっていた．また，ヒートシール強度と比較すると，両方法にあまり差はなかったが，未処理の場合よりも強度が高いので，ヒートシールのような場合でも，表面処理が好ましい．ただ，一般的にはコロナ処理と火炎処理の比較は，装置的な問題が含まれているので単純な比較はできないであろう．

　もう一つの例に高密度 PE への適用事例[7]がある．この場合は厚さ 2 mm のシートに火炎処理を施したものである．接着剤としてイソシアネート系接着剤を使用した．燃焼ガスはメタンである．化学修飾法で水酸基とカルボキシル基を測定して，接着強度との関連性を比較したところ，水酸基は接着に寄与するがカルボキシル基は接着強度にはむしろマイナスに寄与していた．これはカルボキシル基が接着剤中のイソシアネート基を分解して，接着力を弱めているの

第8章 火炎処理

ではないかと考えられている．

8.4 表面処理と接着強度

　接着強度は同じ方法を用いても処理条件によって大きく変わるので，これだけで方法の優劣を決めるのは難しい．特に物理的処理では装置が関わっているので，装置の詳細によって結果が大きく異なる．以下に示す例はあくまでも一例である．PPに火炎処理とイトロ処理を施し，それと無処理のポリエチレンテレフタレート（PET）フィルムをシート状のエチレン・メタクリル樹脂系接着剤を介して熱圧着した．圧着試験片について 100 mm/min の速度で 180 度剥離試験をした．その結果，火炎処理では 230 N/m，イトロ処理では 296 N/m の剥離強度が得られ，イトロ処理の方が強い剥離強度を与えた．

　これらの値は剥離強度の最大値で，8回の測定の平均値である．ポリエチレンと PET フィルムの例[8,9]から考えると，もし PET 側にも同じような処理を施せば，800 N/m 以上の剥離強度になることが期待できるので，火炎処理でも，イトロ処理でも十分実用に耐える接着強度になっている．

　もう一つの例は PP の板に火炎処理を施した後，板同士をプライマー塗布してからシアノアクリレート系接着剤で接着して，接着強度を確認した．その結果は図 8.7 に示されるように，通常の火炎処理よりもイトロ処理の方が優れていることがわかる．この曲線だけでは十分でないが，イトロ処理では剥離試験において試験片内部が破壊される現象（凝集破壊）が認められた．したがって，イトロ処理の実際の効果はかなりあることが期待できる．ただし，イトロ

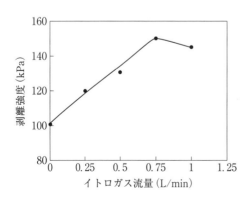

図 8.7　イトロ処理と PP 同士の剥離強度の関係

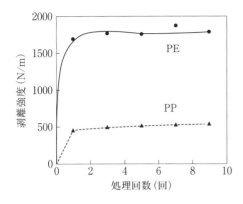

図 8.8 火炎処理した PE あるいは PP と SBR の剥離強度

処理はシリコン化合物の量をあまり増加させても効果は上がらなくなるようである．なお，ここでの剥離強度は接着している厚さ 3 mm のグラスファイバー入り試験片同士を試験片の端に応力をかけて縦方向（板方向に垂直）に引き離すという，かなり特殊な方法で試験しているので，絶対値の意味は複雑であるが，相対的な剥離強度の指標にはなっているはずである．

PP と PE に同じ火炎処理を行って，接着力への寄与を比較した例[10]がある．この場合火炎処理したポリオレフィンと接着する相手はかなり複雑で，スチレン/ブタジエンゴムに過酸化ベンゾイルを 2% 添加した後，これを綿布に貼り付けたシートを使用した．PP とシートを熱圧着した後，180 度剥離試験を行った．その結果は図 8.8 に示されるように，火炎処理を繰り返しても剥離強度にあまり変化がなかった．これはある程度の処理状態に達すると，処理効果が接着には寄与しなくなると考えられている．また，剥離強度は PP よりも PE の方がかなり強い．原因は不明であるが，このような表面処理では PE により効果的に働くようで，PP の方が一般に処理効果が小さい．

8.5 処理効果の経時変化

空気中で行われる物理的処理ではコロナ処理でも，大気圧プラズマ処理でも処理効果の経時変化は避けられないことをたびたび述べてきた．火炎処理も空気中で行われるので，官能基の付与とともに分子切断が起こるはずである．このため効果の経時変化があることは予想される．著者らの行った結果[11]を図 8.9 に示す．

第8章 火炎処理

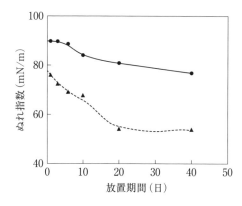

図8.9 ぬれ指数（表面張力）の経時変化
▲：PP，●：PE

　火炎処理でも，イトロ処理でも処理効果は低下していくことは明らかである．40日間の効果の減少量はイトロ処理では13 mN/m，火炎処理では24 mN/mあり，明らかにイトロ処理の方が経時変化は小さい．このことから，イトロ処理方法は効果が大きい上に経過時変化も少ないので，より好ましい表面処理法といえる．なお，経時変化があるということは，分子切断も起こっているという意味であり，Papirerら[10]はPPの火炎処理後エタノールで洗浄すると，水酸基，カルボニル基，カルボキシル基などが30-40％減少していることを確認している．エタノール可溶な成分はPPそのものには存在しないので，酸化された低分子成分が表面にかなり存在していることを物語る．

〈参考文献〉

1) 伊勢　一，山崎毅六：石油学会誌，**12**，519（1969）
2) W. H. Kreidl：U. S. Patent 2632921（Patented Mar. 31, 1953）
3) 江島顕（株）マツボー製紙機械課：コンバーテック，1996年2月号
4) M. Strobel, M. C. Branch, M. Ulsh, R. S. Kapaun, S. Kirk, and C. S. Ryons：J. Adhesion Sci. Technol., **10**, 515（1996）
5) 株式会社イトロのカタログ参照，（横浜市保土ヶ谷区），045-370-3608
6) C. M. Cheatham, J. L. Cooper, and M. H. Hansen：TAPPI Proc. Laminations Coat. Conf., No.2, 321（1993）
7) F. Severini, L. D. Landro, L. Galfetti, L. Meda, G. Ricca and G. Zenere：Macromol

Symp., **181**, 225(2002)
 8) 小川俊夫, 小林正人, 菊井 憲, 大澤 敏：日本接着学会誌, **33**, 334(1997)
 9) 小川俊夫, 佐藤智之, 大澤 敏：高分子論文集, **57**, 708(2000)
10) E. Papirer, D. Y. Wu, and J. Schultz：J. Adhesion Sci. Technol., **7**, 343(1993)
11) 木本祐介, 小川俊夫, 木村 徹, 石川敦太：日本接着学会第45回年次大会(2007)

第9章 シランカップリング剤処理

9.1 概要

　シランカップリング剤は分子の両末端に有機，無機，金属などと結合する官能基を併せ持ち二つの材料を結び付ける働きをする．一般には**図9.1**の基本構造を有している．Rは普通メチル基かエチル基である．あるいはアルコキシ基の代わりにメチル基などということもあるが，大きくは変化しない．Xには多様なものがあり，ビニル基，エポキシ基，メタクリル基，メルカプト基，イソシアネート基などがある．これらは市販されているので容易に入手できる．また使用の仕方は簡単で，通常1～2％の水溶液にしてそれに試料を浸漬した後，乾燥させれば処理は終了する．

　シランカップリング剤は表面処理剤として至る所で使用されており，使用例は枚挙に暇がない．シランカップリング剤そのものはあまり親水性が高くないので，何も変化がなければ水には溶解しない．上記の分子構造であれば溶解パラメータは16～18 MPa$^{1/2}$であり，シクロヘキサンやトルエンとあまり違いはなく，親水性は乏しい．しかし，シランカップリング剤は**図9.2**に示されるように水中で発熱して加水分解し－ORは－OHとなって親水性の分子となる．

図9.1　シランカップリング剤の分子構造

第9章 シランカップリング剤処理

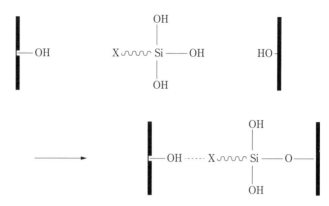

図9.2 シランカップリング剤と二つの材料との結合モデル

　加水分解したシランカップリング剤は模式的には図9.2のような反応を経て，接着力に寄与する．

　材料との結合はシランカップリング剤中の官能基によって異なり，水素結合であったり，共有結合であったりして多様である．しかし，接着後通常は加熱するので，シランカップリング剤の水酸基と基材の水酸基あるいはアミノ基が接近すれば脱水縮合して共有結合が成立する．両末端とも共有結合ができればきわめて強い接着が起こるはずであるが，実際の改善効果は共有結合が完全に起こっているほどの接着力は生じておらず，両末端のどちらか一方は水素結合力によって接着が改善されていると考えられる．

9.2 芳香族ポリイミド（PI）フィルムの接着

　PIフィルムはフレキシブルプリント基板として使われていて，今日のスマホ，デジカメなどにはなくてはならない材料である．PIフィルムに銅箔を貼り付けてから，電子回路を製作する．電子回路は非常に細かいので，PIフィルムと銅箔が安定な接着が行われていなければならない．このためにいろいろな方法が提案されているが，その一つに，完成したPIフィルムと銅箔をシランカップリング剤だけで直接接着する方法がある．あるいはまた，接着剤を用いる場合にも安定な接着を維持するために，PIフィルム表面に前もってシランカップリング剤で処理する方法も提案されている．ここではPIフィルムに

9.2 芳香族ポリイミド (PI) フィルムの接着

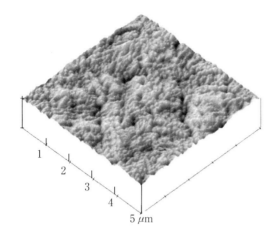

図9.3 銅箔(接着面)のAFM像

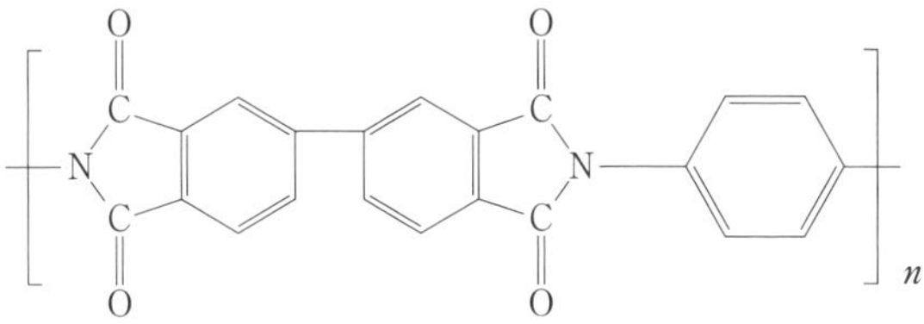

図9.4 芳香族ポリイミドフィルムの分子構造

シランカップリング剤を塗布するだけで銅箔と接着する例について述べる.

シランカップリング剤はγ-アミノプロピルトリメトキシシラン($NH_2(CH_2)_3 Si(OCH_3)_3$, γ-APS)という化合物で,末端にアミノ基をつけた化合物である.銅箔は表面が図9.3に示されるような状態で,粗さがRa=12.0 μmである.芳香族ポリイミドフィルムは図9.4に示される分子構造をもったもので,溶剤には不溶で,厚さ12 μmの薄いフィルムである.芳香族フィルムを前もってシランカップリング剤の水溶液に浸漬した後,乾燥後,銅箔と285℃で15 min圧着させた.試験片は20 mm幅とし,100 mm/minで180°剥離試験を行って,最大値を剥離強度とした.

銅箔をシランカップリング剤に浸漬後乾燥するときには,試験片を必ず吊るして余計な溶液が試験片表面にできるだけ付着しないように配慮した.なお圧着の際非常に薄いフィルム同士の接着であるため,少しでも偏りがあると,剥離強度の変化が大きくなるので,試験片の両側に数枚のポリイミドフィルムを重ねておいて圧着の均一性を保つようにした.剥離試験結果[1]が図9.5に示さ

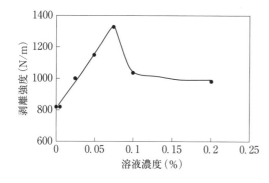

図9.5 ポリイミド/銅箔の剥離強度に及ぼすシランカップリング剤水溶液濃度の影響

れる.

この接着において特徴的なことはシランカップリング剤の濃度が増加しても必ずしも接着強度は増加しないことである.これはシランカップリング剤の水溶液中の状態が濃度によって異なる状態にあることを示唆している.詳細については後述する.なお,シランカップリング剤未使用であってもかなり接着力があるが,シランカップリング剤処理の効果はあることは確かである.また,銅箔とPIフィルムを接着するのに接着剤を用いることも多々あることはいうまでもない.その場合でもシランカップリング剤を使用した方がより好ましい結果が得られる.

9.3 シランカップリング剤水溶液の状態

シランカップリング剤水溶液は見た目には透明であり,完全に溶解しているように見える.しかし,水溶液を凍結乾燥させると白色の粉末[2]が得られる.しかもこの粉末は水に再度溶解させると透明になる.メタノールには溶解速度は遅いが,最終的には透明な状態になる.しかし,テトラヒドロフランやクロロフォルムにはまったく溶解しない.このことから,この白色粉末はポリマーと考えられる.これについて元素分析を行った結果が**表9.1**である.ここで理論値とは**図9.6**の分子構造をもったポリマー[3,4]と仮定した場合である.

理論値と実験値はほぼ一致しており,水溶液中にはこのようなポリマーが存在していると推定される.0.1%の水溶液では,68%がこのような固体で回収された.無論ポリマーだけでなくモノマーに近いオリゴマーも混在していると

9.3 シランカップリング剤水溶液の状態

表 9.1 シランカップリング剤水溶液の凍結乾燥により析出した粉末の元素分析値

	N	C	O	H
理論値	1	3.0	1.50	8.0
実験値	1	2.79	1.54	9.08

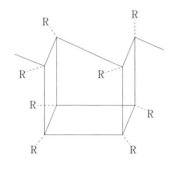

図 9.6 白色粉末シランカップリング剤の白色粉末のモデル

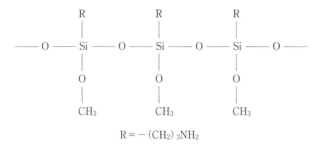

図 9.7 白色粉末に想定される別の分子モデル

考えられる．水素の値が若干実験値の方が大きいのはこのためと考えられる．いずれにしても，このようなポリマーが存在して銅箔表面を覆えば，ポリマー分子中の水酸基はモノマーに比べて非常に少ないので接着への寄与の程度は低下する．

ただし，形成されるポリマーの分子構造は条件によって微妙に異なるようで，1%以上の高濃度での白色粉末では図 9.7 の構造の方がより適当[2]と思われる．高濃度溶液になると，このようなポリマーが基材表面に付着するので，接着力がかえって低下する原因になっている．無論，水酸基の多いモノマーないしはオリゴマーは優先的に基材に吸着することは常識的考えられることであ

第9章 シランカップリング剤処理

る．また，溶液の撹拌条件，温度の違い，溶解後の放置時間などによっても形成されるポリマーの分子構造は異なることが予想される．

9.4 シランカップリング剤重合体の接着に与える影響

Ishida[2]はシランカップリング剤によって形成されるポリマーは基材に対して物理吸着し，加水分解したモノマーは化学吸着していると考えている．モノマーは加水分解していて，水酸基を形成し金属や相手ポリマーと強固な結合が形成されているので，これを化学吸着としている．

一方，シランカップリング剤ポリマーは水酸基もほとんどなくなっているので，吸着力は弱く接着にはむしろマイナスの効果になっていて，物理吸着という言葉で呼んでいる．しかし，化学吸着はかならず共有結合を形成しているという根拠もないので，吸着の強弱をこのように区別しているに過ぎない．いずれにしても，ポリマーが存在すると基材に吸着したシランカップリング剤の上にポリマーが載ってしまっている状態が想定される．これは模式的には図9.8のような構成[1]になっていると考えられる．

このような状態であるから，シランカップリング剤ポリマーを除去してやれば，接着力は向上するはずである．物理吸着しているポリマーを除去するには適当な溶媒で洗浄除去することができる．前述のようにγ-APSの場合，水や

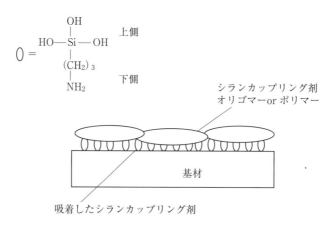

図9.8 シランカップリング剤の吸着状態

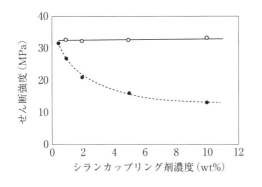

図9.9 グラスファイバーにシランカップリング剤処理したときのエポキシ樹脂とのせん断強度　●：シランカップリング剤処理後そのまません断強度測定，○：同処理後熱水で4時間洗浄後せん断強度測定

メタノールで除去できるはずである．グラスファイバーにシランカップリング剤処理したあと，熱水で4時間かけて処理して，エポキシ樹脂との接着強度を調べた結果[3,5]が図9.9である．

この方法はシランカップリング剤処理したグラスファイバーにエポキシ樹脂滴を付着硬化させた後，樹脂の塊を引き抜く強度を求めるもので，複合材料の界面強度を評価[6]するのによく使用される方法である．この結果を見ると，シランカップリング剤溶液の濃度が高くなるほどせん断強度は低下している．しかし，熱水でシランカップリング剤ポリマーを除去するとシランカップリング剤が希薄な場合と同じ強度を保っている．つまり，シランカップリング剤は希薄溶液で処理すれば十分であり，濃度が高くなると却ってよくないということがわかる．シランカップリング剤が水溶液内で重合してポリマーになることは多くのシランカップリング剤で知られており，その詳細は文献[7,8]を参照されたい．

9.5 接着機構

シランカップリング剤が具体的に基材とどのような結合をしているかについては，明確にはわかっていない．たとえばアミノ基をもったシランカップリング剤が金属に吸着するときには，図9.10のような二つの方式[9]が考えられる．一方は（b）のような共有結合であり，一方は（c）のようなイオン結合である．加熱される前は（a）のような水素結合もあるはずである．これらの結合形式のどれが優勢かについてはいろいろ議論のある所である．

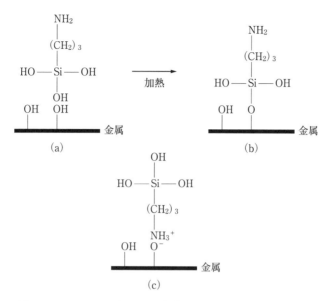

図 9.10 シランカップリング剤加水分解物と金属の相互作用形式

Eldridge ら[9]は飛行時間型二次イオン質量分析法（ToF-SIMS）で分析したが Cr および Si 表面で，－Cr－O－Si－ や －Si－O－Si－ のような結合をもったフラグメントは検出されていない．むしろ －Cr－N－ のような結合がありそうだと述べている．

一方，村瀬ら[10]によれば同様な方法でエポキシ基を末端にもつシランカップリング剤の場合について分析した結果，Fe 表面では $FeOSiO_2H^+$ のフラグメントが検出されているので，シランカップリング剤と金属の共有結合の存在も可能性があるという．両者では使用しているシランカップリング剤も異なり，また，処理条件も異なり，定量的評価もできていないので，結合形式については決定的なことはいえない．

Liu ら[11]は E-ガラス上での γ-アミノプロピルトリエトキシシランの吸着挙動を XPS で調べているが，この場合はアミノ基が $-NH_3^+$ の形でガラス上に存在しているという．いずれにしても，シランカップリング剤の一方の末端基であるアミノ基やエポキシ基と金属との間にイオン結合，水素結合，共有結合などの結合形式が同時に多少なりとも存在する可能性はあるが，全体的に共有

結合のような強固な結合形式は量的にそんなに存在しないものと思われる．

〈参考文献〉

1) 小川俊夫，村田佳那，布施　愛：日本接着学会第49回年次大会，愛知工業大学（2011,6.17-18），p.23
2) T. Ogawa and T. Nobuta：J. Mater. Sci., **45**, 771（2010）
3) H. Ishida："Structural gradient in the silane coupling agent layers and its influence on the mechanical and physical properties of composites", in "Molecular Characterization and Composite Interfaces", edited by H. Ishida and G. Kumar, Plenum Press, 1985, p.25
4) H. Ishida and Y. Suzuki："Composite Interfaces", edited by H. Ishida and J. L. Koenig, Elsevier Sci. Pub.（1986），p.317
5) H. Emadipour, P. Chiang, and J. L. Koenig：Res. Mechanical, **5**, 165（1982）
6) T. Ogawa and H. Uchibori：J. Adhesion, **47**, 245（1994）
7) F. D. Osterholtz and E. R. Pohl："Kinetics of the hydrolysis and condensation of organofunctional alkoxysilanes：a reviews", in "Silanes and Other Coupling Agents", edited by K. L. Mittal, VSP, Utrecht, The Netherland, 1992, p.119
8) D. E. Leyden and J. B. Atwater："Hydrolysis and condensation of alkoxysilanes investigated by internal reflection FTIR spectroscopy", in "Silanes and Other Coupling Agents", edited by K. L. Mittal, VSP, Utrecht, The Netherland, 1992, p.143
9) B. N. Eldridge, L. P. Buchwalter, C. A. Chess, M. J. Goldberg, R. D. Goldblatt and F. P. Novak："A time of flight static secondary ion mass spectrometry and X-ray photoelectron spectroscopy study of 3-aminopropyltrihydroxysilane on water plasma treated chromium and silicon surfaces", in "Silanes and Other Coupling Agents", edited by K. L. Mittal, VSP, Utrecht, The Netherland, 1992, p.305
10) 村瀬正次，金子雅仁：日本接着学会誌，**51**, 382（2015）
11) X. M. Liu, J. L. Thomason and F. R. Jones："XPS and AFM study of the structure of hydrolyzed aminosilane on E-glass surfaces", in "Silanes and Other Coupling Agents, Volume 5", edited by K. L. Mittal, VSP, Leiden・Boston, 2009, p.39

第10章 グラフト化

10.1 概　　要

　グラフトという言葉は「接ぎ木」という意味で，農業分野ではよく知られた言葉である．たとえば，梨の種子から梨の木はできない．梨の種子からはカラタチの木のようなトゲのある木が生えてきて，まさしくカラタチのような実がなるだけである．このような場合，梨と類似の木に例えば「幸水（こうすい）」という種目の木の枝を接木して，「幸水」という梨の実をならせる．また，ナス，トマト，カボチャなどの苗も最近はほとんど接ぎ木である．こうすると連作に強い野菜を作ることができる．

　ポリマーもホモポリマーではいろいろな要求に答えることができない．共重合体やポリマーアロイのような改質の方法もあるが，素材そのものの性質は変えずに表面の物性だけを大きく変えようとするときにはグラフト化という方法は非常に有効である．ただ，多くのグラフト化研究は表面への機能付与が主体である．最近では特に高分子ブラシの研究[1]が盛んである．

　ここでは，グラフト化による接着性付与について述べる．グラフト化にはアニオン重合，カチオン重合，ラジカル重合などいろいろな反応[2]が利用できるが，接着のための重合ではラジカル重合が最も現実的である．典型的なグラフト化の方法を図10.1に示す．

　グラフト化を行わねばならない材料は接着性が悪い材料であるから，まずは表面に官能基を付与するための表面処理を行う．そして表面に生成したラジカルに反応するモノマーを与えてラジカル重合させて接着力を向上させる．表面

第10章　グラフト化

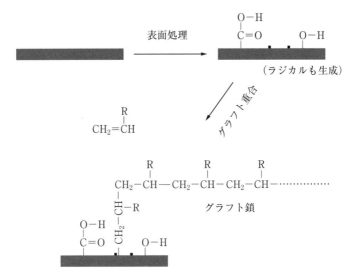

図 10.1　接着性改良のためのグラフト化のモデル

にラジカルを生成させるにはガンマー線照射，コロナ処理，プラズマ処理，電子線照射などの方法が考えられる．

ポリエチレン表面を電子線照射後アクリル酸の重合体を形成させた例[3]を以下に示す．ここでは電子線照射によりフィルム上にラジカルを生成させた後，アクリル酸水溶液（50％）に浸してグラフト化するという方法を採っている．電子線照射量は 300 kGy で反応温度は 25℃であるが，図 10.2 に示されるように大量にグラフト化している．

ポリマーに電子線照射すると炭素上にラジカルが生成するだけでなく，多くは過酸化物が形成されている可能性がある．このためここではモール塩（$(NH_4)_2Fe(SO_4)_2$）を添加することによって，過酸化物（ペルオキシド）を分解してラジカル重合を起こさせる．すなわち，過酸化物からはレドックス重合の原理に基づいてラジカルを形成させているのである．

接着に関していえば，ここでの例ではグラフト率が 100％程度になるのでグラフト化し過ぎであるが，グラフト化の例としては非常にわかりやすい．電子線照射はプラスチックの滅菌処理に多く使用されていて，滅菌処理であれば照射量は 50 kGy 程度で十分であるが，グラフト化を行うにはかなり大きなエネ

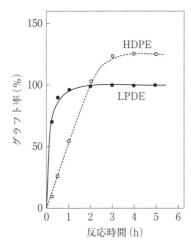

図 10.2 アクリル酸を HDPE および LDPE にグラフトしたときの重量増加（グラフト率）

ルギーを与えないと，十分なグラフト化が起こらないことを著者は経験している．また，照射後直ちに窒素雰囲気中で重合を開始しないと，ラジカルが消滅していく．

　電子線照射後室温で空気中に放置すると，ラジカルは急速に消滅[4]する．ただ，ドライアイスで冷却しておけばかなり長い間ラジカルが消滅しないので，電子線照射と重合実験を別々に実施する場合は，電子線照射後の試料をドライアイスで冷却しておくことを勧める．この他にも多くのグラフト化の報告[5-8]はあるが，それが接着へどの程度寄与するかという研究は少ない．

10.2　グラフト化によるポリイミドの接着性向上

　芳香族ポリイミドはフレキシブルプリント回路の基板として大量に使用され，デジタルカメラやスマートフォンの電子回路製造にはなくてはならない材料になっている．この場合必ず銅箔とポリイミドフィルムを接着する必要があるが，ポリイミドフィルムのグラフト化によって接着性を付与する研究例[9]がある．

　まず，Ar 雰囲気中でポリイミドフィルム（デュポン社，Kapton）に低圧プ

第10章 グラフト化

ラズマ処理して表面にラジカルやペルオキシドを形成させる．これにモノマーを滴下する．その後窒素雰囲気下で高圧水銀ランプを使った紫外線を照射してモノマーのラジカル重合を行わせる．終了後溶剤で洗浄してモノマー等を除去する．その後電解銅箔でメッキする．ここで使用したモノマーは**図10.3**に示すイミダゾールとピリジン類である．

これらモノマーは二重結合を有しているのでラジカル重合して接着力が向上する．一例を**図10.4**に示すように180度剥離強度は1000 N/mを超えていて，接着強度としては十分である．この場合重合を十分に行わせるには結構時間がかかっているので，工業的にはこのままでは不十分であるが，紫外線強度等の実験条件を変えればこのような点は改良可能である．

同じモノマーを用いてポリテトラフルオロエチレン（PTFE）に適用した例[10]がある．この場合もフィルムをArプラズマ処理後，プラズマ処理面にモノマーを塗布した後，銅箔と貼り合わせて，120℃に加熱してグラフト化と

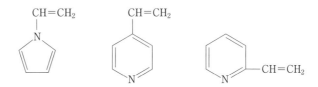

VIZ：1-vinylimidazole　　4VP：4-Vinylpyridine　　2VP：2-Vinylpyridine

図10.3　グラフト重合に用いたモノマー

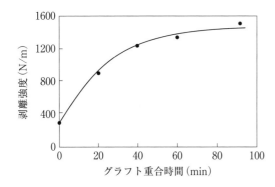

図10.4 ビニルイミダゾール（VIZ）による芳香族ポリイミドのグラフト化と銅箔の剥離強度の関係（プラズマ条件：35 W, 60 s）

接着を同時に行っている。両者には紫外線処理と加熱処理という点に違いがある。この結果，700 N/m の剥離強度が得られている。ただし，上述のモノマーだけでは不十分で，少量の架橋剤，たとえば 2,4,6-Triallyloxy-1,3,5-triazine のような化合物を数パーセント添加することによって上記のような高い接着強度を得ている。

10.3　グラフト化によるポリオレフィンの接着[11]

ポリエチレン（HDPE）およびポリプロピレン（PP）について，まず低圧プラズマ処理する。次に図 10.5 に示すヒドロキシエチルメタクリレート（HEMA）を紫外線照射によってポリオレフィン表面にグラフト化する。なお，光重合開始剤であるベンゾフェノンのヘプタン溶液に表面処理フィルムを 30 分間前もって浸漬する。その後ポリオレフィンフィルムを 20% の HEMA 水溶液中に浸した状態にして 400 W の中圧水銀ランプで 30 分照射する。この際，雰囲気は完全に窒素置換しておく。

グラフト化後エタノールで十分洗浄してモノマーおよびグラフト化していないポリマーを除去する。グラフト化したフィルムにエポキシ系接着剤を塗布した後，ポリオレフィン同士を圧着する。その結果接着強度は約 30 MPa になり，グラフト化しないで接着した場合は高々 20 MPa であり，グラフト化することが，接着に効果的であることが明らかになった。

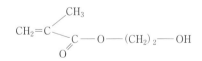

図 10.5　グラフト化に使用したモノマー
（ヒドロキシエチルメタクリレート（HEMA））

10.4 ポリプロピレンと鋼板のグラフト化による接着[12,13]

基材表面に官能基を付与するかあるいはラジカルを形成させた後に、グラフト化して、さらに接着操作を別個にすることは非常に面倒であり、工業的に実施することは容易でない。そこで、これらの操作を一挙に行おうとする試みをここに紹介したい。

表面処理によるラジカル形成を行うために図10.6に示すような過酸化物と接着力をもつモノマー（シランカップリング剤）の混合液を鋼板表面に塗布する。塗布面にポリプロピレンシートを乗せ、ホットプレスで圧着、加熱すると形成されたラジカルによりモノマーが重合する。ここで用いたモノマーは末端に二重結合を有するシランカップリング剤である。

一方の末端にはメトキシ基があるので、これが鋼板上の水酸基と縮合反応する。こうしてポリプロピレン側にも鋼板側にも強固な結合ができて、大きな接着力が得られる。図10.7はその一例であるが、剥離強度が8000 N/mまで上昇している。強度には鋼板の曲げ強度の因子も含まれていて正確な剥離強度はわからないが、非常に強固な接着になっていることは確かである。剥離面のXPS分析をするとどこで剥離しているかがわかる。酸素（O）とケイ素（Si）は圧倒的に鋼板表面に存在していた。

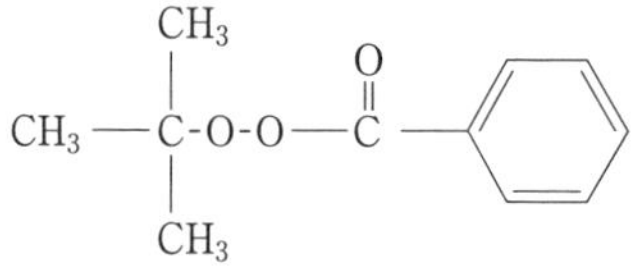

過酸化物（ラジカル形成剤）
発熱開始温度：126℃
10時間半減期温度：10℃

t-butyl peroxybenzoate (Perbutyl Z：KBM503＝1：5 kg volume)

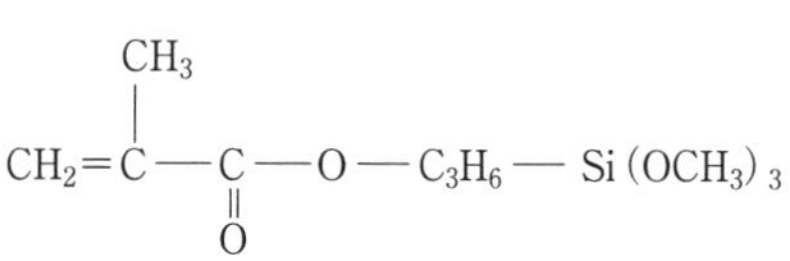

モノマー（シランカップリング剤）

γ-methacryloxy propyl trimethoxy silane (KBM 503)

図10.6 ポリプロピレンと鋼板の接着に用いたモノマーとラジカル形成剤

10.4 ポリプロピレンと鋼板のグラフト化による接着

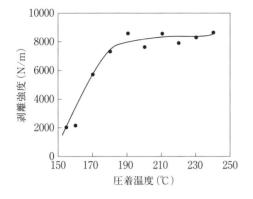

図10.7 ポリプロピレン/鋼板の系における圧着温度と剥離強度の関係
（Perbutyl Z：KBM503＝1：5 by volume）

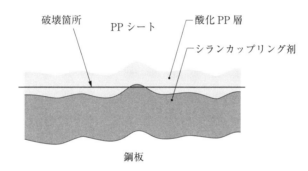

図10.8 剥離試験における破壊面の位置

このことから剥離は図10.8に示されるようにポリプロピレンの内部で起こっていることが明らかである．つまりポリプロピレンの凝集破壊が起きていることを意味する．このように，通常の接着剤を使わずに，過酸化物とシランカップリング剤だけで無極性のポリプロピレンと鋼板が強固に接着できることが明らかになった．

なお，このような接着ではいかに無極性のポリプロピレンを接着できる状態にするかが肝心である．それには，過酸化物の分解温度が重要と考えられる．ここで用いた過酸化物の10時間に半減する温度は104℃である．このような過酸化物を用いて接着には180〜200℃が適当であった．接着温度をもう少し低い状態で達成しようとする場合は，過酸化物の分解温度がさらに低い方が好ましい場合がある．多くの市販過酸化物が知られているが，このような場合は

第10章 グラフト化

たとえば**表10.1**の中から適当な過酸化物を選ぶことを勧める．

上述の場合と同じような考えに基づいて説明できる方法はあるが，過酸化物でなく，トリアルキルボランを使えば室温付近でポリオレフィン同士の接着[14]が可能である．トリアルキルボランは分解するとラジカルを形成し，ポリマー表面で水素引き抜き反応を行う．この場合はトリアルキルボランをアミ

表10.1 市販されているいくつかの市販過酸化物

		10時間半減期の温度(℃)
ジアシルパーオキサイド	R—C(=O)—OO—C(=O)—R′	20-75
アルキルパーオキシエステル	R—C(=O)—OO—R′	38-107
パーオキシカーボネート	R—O—C(=O)—OO—C(=O)—O—R′	49-51
モノパーオキシカーボネート	R—O—C(=O)—OO—C(=O)—R′	90-100

日本有機過酸化物協会資料より

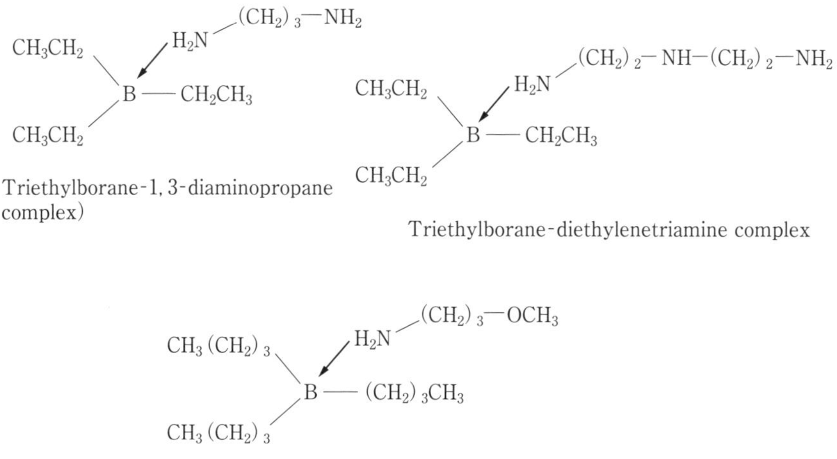

Triethylborane-1,3-diaminopropane complex)

Triethylborane-diethylenetriamine complex

Tri-n-butylborane-3-methoxy-1-propylamine complex

図10.9 市販されているアルキルボラン錯体（BASF，キシダ化学）

ン化合物で安定化(コンプレックス形成)しておいて,これをA液とする.これにメチルメタクリレートをモノマーとしてアミンと反応するルイス酸やイソシアネート化合物を添加した液をB液とする.使用直前にA液とB液を混合し,目的の場所に塗布する.

　この方法でポリプロピレン同士を接着したところ十分な接着強度が得られている.なお,**図10.9**に示すようなA液が試薬メーカーからすでに市販されているので,容易に試験することができる.

〈参考文献〉

1) R. Jordan ed.：Surface Initiated Polymerization Ⅱ, Springer-Verlag, Berlin, Heidelberg, Germany (2006)
2) S. Minko：Grafting on solid surfaces；Grafting to and Grafting from methods, in Polymer surfacea and interfaces, edited by M. Stamm, Springer-Verlag, Berlin, Heidelberg, Germany (2008) p.215
3) I. Ishigaki, T. Sugo, K. Senoo, T. Okada, J. Okamoto and S. Machi：J. Appl. Polym. Sci., 27, 1032 (1982)
4) 斎藤恭一,須郷高信：グラフト重合のおいしいレシピ,丸善 (2008),第1章
5) U.-P. Wang：Radiat. Phys. Chem., **25**, 491 (1985)
6) 坪川紀夫：日本接着学会誌, **35**, 428 (2000)
7) 許斐毅志,鹿垣美香,佐藤由美,酒田桂子,杉浦弘子：SEN-I GAKKAISHI, **50**, 110 (1994)
8) 宮下美晴,佐藤夏美,寺本好邦,西尾嘉之：茨城工業高等専門学校彙報, No.3, 105 (2012)
9) G. H. Yang, E. T. Kang, K. G. Neoh, Y. Zhang and K. L. Tan：Colloid Polym. Sci., **279**, 745 (2001)
10) E. T. Kang, Y. X. Liu, K. G. Neoh, K. L. Tan, C. Q. Cui and T. B. Lin：J. Adhesion Sci. Technol., **13**, 293 (1999)
11) M. Morra, E. Occhiello and F. Garbassi：J. Adhesion, **46**, 39 (1994)
12) T. Ogawa and M. Maruyama：J. Adhesion, **31**, 223 (1990)
13) 小川俊夫,戸田　稔：材料, **41**, 195 (1992)
14) M. F. Sonnenschein, S. P. Webb, O. D. Redwine, B. L. Wendt, and N. G. Rondan：

第10章 グラフト化

Macromolecules, **39**, 2507 (2006)

第11章

接着のための特殊技術

普通の接着のイメージでは接着するには接着剤を使うとか，表面に官能基を付与するというのが一般的である．しかしそれに分類できない接着法もいくつか存在している．接着という目的を考えるときにはこれらの方法も配慮してよい方法であるので，以下に概略を記述する．

11.1 熱溶着とレーザー溶着

熱溶着は接着剤を使用せず，二つの材料を加熱することによって接着するもので，ヒートシールともいわれる．これは樹脂同士でも金属と樹脂でも構わない．最もよく使用されている例はゴミ袋製造の際の接着である．フィルムの製造にはインフレーション法とTダイ法がある．前者ではチューブ状にフィルムができてくるので，適当なサイズに切断して，一方の端を熱溶着すればできあがる．Tダイ法のフィルムでは1枚のフィルムであるので，2枚重ねて3ヶ所，あるいは二つ折りして2ヶ所を熱溶着してゴミ袋を製造する．多くのゴミ袋は前者の方法で製造されている．ポリエチレンのような極性官能基のない分子でも熱溶着可能なのは接着力が分子のからみ合いによって生ずるためである．

食品などの包装にはたとえば図 11.1 に示されるような簡単な熱溶着用装置が市販されていて，袋に食品を入れた後，袋の端をこの装置で加熱圧着することによって1秒以内でシールすることができる．LDPE同士の場合では，剥離強度は分子量によらず 1000 N/m を超えていて，十分なシール強度が得られている[1]．

第 11 章 接着のための特殊技術

図 11.1 卓上型ヒートシーラーの例

$$\mathrm{MFR} = \frac{K}{M^\alpha} \tag{1}$$

　このように，熱溶着では材料の分子量が大きくなれば剥離強度が増大する．つまり分子鎖のからみ合いの程度が大きくなるほど剥離強度が増加する．ただ，ポリマーは熱伝導率が小さいので，フィルムの厚さなども影響し，熱溶着時間は実験により，材料により最適な条件[2]を前もって選んでおく必要がある．なお，この他に軟質塩化ビニルに対しては高周波によって加熱して溶着できる[3]ことが知られている．

　加熱するという点では同じであるが，レーザーによって加熱する方法[4,5]がある．この場合レーザー光には 808，940，1064 nm といった波長の近赤外線が使用される．多くの材料はレーザー光によって加熱されないので，黒色吸収体を介して樹脂を加熱する．その一つに熱可塑性エラストマーがある．これをたとえばポリプロピレン同士の間に入れてレーザー光で加熱すると，接着できる．ポリプロピレンとナイロン 66 でも同様な接着が可能である．また，ポリプロピレンとステンレススチールでも接着可能である．これらの場合，熱可塑性エラストマーの選定が重要である．この場合はスチレン系エラストマーであるが．ナイロン 66 やステンレススチールを対象とする場合はエラストマーの一部をカルボキシル基で変性している．

　図 11.2 はポリプロピレンとステンレススチールをこの方法で接着したものであるが，変性エラストマーを用いると，10 MPa のせん断強度[5]を与えてい

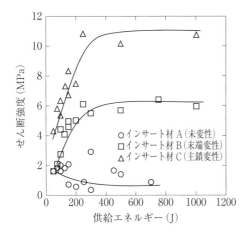

図11.2 熱可塑性エラストマーをインサート材にしたときの鋼板とポリプロピレンの接着

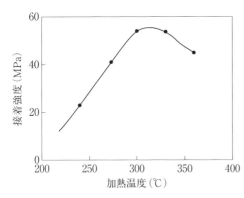

図11.3 ポリカーボネート同士をレーザー溶着したときの接着強度（加工速度：10 mm/s）

ることがわかる．また，低密度ポリエチレン同士でも厚さ50 μmのフィルムであれば670 N/mの剥離強度[4]を与え，実用的に十分な強度に至っている．

　上述した方法は基本的に熱圧着と変わりないが，レーザー溶着の最も一般的な方法は透過材とレーザー光を吸収する吸収材とから成るもので，加圧状態での接着[6]が行われる．吸収材には，カーボンブラックや光を吸収する色素，たとえば近赤外吸収剤（例：Lumogen IR （BASF社））の塗布によって行われる．レーザー光が照射されると，吸収材が加熱され，溶融が始まる．それに伴い透過材にも熱が伝わり両者が溶着される．

　図11.3はポリカーボネート同士をレーザー溶着した例[7]であるが，接着強

度は最高で55 MPaに達している．ポリカーボネートの引張強度は71 MPaであるから，十分な強度に達しているといえる．また，ポリカーボネートの軟化点は200～240℃であるので，その温度付近から強度が出てくることがわかる．温度をあまり高く上げると，熱分解等により強度は低下する．

　同じような傾向は結晶性のポリブチレンテレフタレートでも確認されている．ただ，吸収材の主成分は透過材と同じであるが，レーザー光を吸収させるのにどのような変性が施されているか文献では不明である．溶着法が適用できる樹脂は非晶性，結晶性によらず非常に多いが，多くの場合同一樹脂の接着[8]に適している．鋼板やアルミニウム板と炭素繊維複合材料との接着[9]もレーザー溶着の方法で成功している．

　レーザー溶着を実施するにはそれなりの高価なレーザー溶着装置が必要である点は考えておかねばならない．しかし，最近では自動車のテールランプ，防振用ゴムシール，燃料タンクなどの製造に用途が拡大している．

　熱可塑性樹脂であれば，レーザー光を使用しなくとも溶融状態にすることが可能である．超音波溶着と呼ばれる方法は20 kHz～900 kHzの周波数で材料を加熱すると，金属と樹脂あるいは樹脂同士が接着する．これは材料を振動させることにより，発熱させて局部的に溶融させて接着するものである．したがって，平面同士を溶着するよりも，一方の樹脂に突起があるような状態であることが一般には必要である．

　誘電体としての損失係数が大きい材料，たとえばポリ塩化ビニルのような樹脂は材料を電極ではさんで10 MHz～40 MHzの高周波をかけると，溶融接着（高周波溶着）することができる．ポリ塩化ビニリデンやポリメチルメタクリレートも損失係数が大きいので，応用可能と思われる．これらの方法はいずれも樹脂を溶融させる方法であるので，接着する樹脂と接着される樹脂は同じものが最も良好な結果をもたらす．

　溶融による接着は一般の水素結合を主体とする接着ではない．これは二つの樹脂が溶融することにより，**図11.4**のように分子鎖が絡み合いを起こして接近する結果，ファンデアワールス力が顕著に働くことにより接着力が発生するのである．

　ところで，これらの方法にはそれぞれ専用の装置[10]が市販されているので，

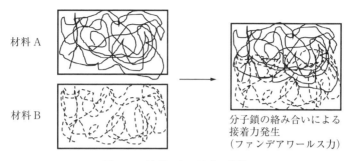

図11.4　溶融による接着の機構

装置の明細を確認して適用するとよい．

11.2　熱溶着条件の影響

　熱溶着は接着剤と被接着材のいずれかが溶融しない場合，あるいはまったく極性がない材料が一方にある場合は難しい．たとえば，金属とポリエチレンでは如何に工夫してもポリエチレンに極性がないので金属面にアンカー効果が働くような処理でも加えない限り熱溶着は困難である．その場合でもポリエチレンに極性を付与してやれば，接着力は向上するはずである．したがって，熱溶着といえども，ファンデルワールス力しか働かない状態よりも水素結合も働く状態の方が，好ましい接着になることは間違いない．

　ここに表面処理して極性官能基を表面に生成させたポリエチレン（LDPE）とポリエチレンテレフタレート（PET）の熱溶着の例[11]を紹介したい．

　前述した熱溶着の操作では圧力をかけることが注視されていたが，非常に狭い試験片の接着であれば，単純に圧力をかけるだけで十分であるが，広い面の接着となると全体に均一に力がかからないと均一な接着に至らない．そこでここでは，**図 11.5** に示されるような，発泡させたゴムで覆った圧着ロールを通過させて熱溶着させた．この場合圧着ロールと試料フィルムの間に厚さ 5 μm のテフロンフィルムを図のように挟んで熱圧着させた．加熱温度というのはあくまでもロール付近の温度しか計測できないが，非接触温度計で計測した温度である．

　装置は加熱後少なくとも 1 時間加熱して平衡状態に至ってから熱圧着を行っ

第11章　接着のための特殊技術

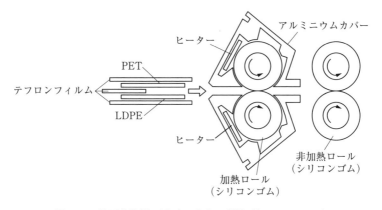

図11.5 熱圧着装置の例（フジプラ（株）製ラミパッカー）

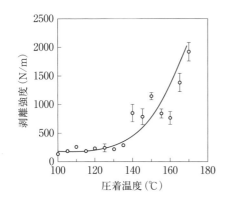

図11.6 LDPE/PET系における圧着温度と接着強度の関係
（ラミネート速度：0.6 m/min）

てから180°剥離試験を行った結果が**図11.6**である．接着強度は（見かけの）圧着温度とともに上昇し2000 N/mにも達した．同じコロナ処理をして接着剤を用いて低温で接着した場合は剥離強度が1200 N/mであったので，熱圧着法が如何に有効な接着方法であるかがわかる．ただ，この場合一度圧着したフィルムを再度ラミネータに通すと却って剥離強度が低下する現象が見られた．この現象は高温になるほど顕著であった．

コロナ処理で生成した官能基が1回目の熱圧着では接着に寄与していたのに，高温で圧着を繰り返すと極性官能基が熱によりフィルム内部に拡散して接着への寄与の程度が少なくなるためと考えられる．LDPEの融点は108℃，

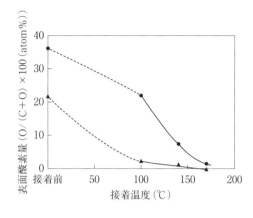

図 11.7 PET/LDPE 剝離面の酸素量の接着温度依存性
● : PET 面, ▲ : LDPE 面

PET のそれは 260℃ であるから,ここで実施している実験では PET は常に固体の状態であるので,LDPE 表面の官能基のフィルム内部への拡散が問題を引き起こしていると考えることができる.1 回だけの熱圧着では大きな剝離強度をもたらしたが,コロナ処理によって生成した官能基に由来する酸素量は**図 11.7** に示されるように,剝離強度が大きくなるほど少なくなった.このことは,剝離強度の高い領域では LDPE 内の凝集破壊が起こっていることを物語る.なお,PET の場合は未処理の状態で酸素が 28 atom% あるが,処理すると 36 atom% になる.このため,剝離面でも LDPE よりも常に酸素が多めの値を示しているのは,測定面の一部に PET が露出していると考えれば説明できる.

11.3 溶 剤 接 着

溶剤接着法[12] は溶剤でポリマーを膨潤させてから,圧着させた後溶剤を除去する方法である.方法は簡便でありながら,接着強度も大きいのでいろいろな成形品に適用されている.ただし,被着材同士を溶解するような適当な溶媒がなければならない.また接着後溶媒を除去しなければならないので,軽沸点の溶媒でなければならない.

結晶性のポリマーのほとんどは室温付近で溶解することはないので,この方法は非結晶性のポリマーに向いている.ポリマーを溶解させる溶媒はポリマーと溶媒の溶解パラメータが一致するかあるいは非常に近い値をもっていること

第11章　接着のための特殊技術

表11.1　溶剤接着の例

プラスチック	適用溶剤
PS	トルエン，キシレン，酢酸エチル，MEK
PVC	テトラヒドロフラン，シクロヘキサン，アセトン，MEK
PMMA	アセトン，トルエン，酢酸エチル，MEK
ABS樹脂	アセトン，トルエン，MEK
PC	ジクロロメタン，ジクロロエタン
PPE/PSアロイ	トルエン，キシレン，MEK

圧倒的に非結晶性ポリマーで適用されている．

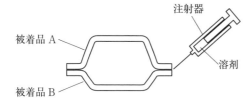

図11.8　注射器を用いた溶剤塗布方法

表11.2　溶剤接着における接着強度の例

接着の組み合わせ	せん断強度(MPa)
PS/PC	9.3
PMMA/PC	20.5
ABS/PC	14.1
PC/PC	37.3

刷毛等で表面に溶剤塗布→圧着→溶剤除去

が必要である．

　表11.1はそれをまとめたものである．溶剤は刷毛やスプレーで塗布する．あるいは図11.8のように，シリンジで溶剤を接着面に注入した後圧着する方法も採られている．残留する溶剤は減圧あるいは乾燥除去する．沸点以上に温度を上昇させると，発砲の原因になるので，注意して溶剤を除去しなければならない．溶剤選択に当たっては，ポリマーの白化，ソルベントクラックの発生などを配慮して選ぶ必要がある．

　溶剤接着では表11.2に示されるように割合に強い接着強度が得られる．しかし，図11.9に示されるように使用した溶媒（ジクロロエタン）の揮発除去の条件によって接着強度に違いが出るので，操作条件を注意して選ぶ必要がある．

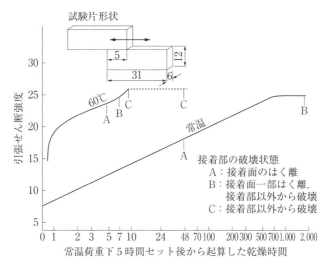

図 11.9 ポリカーボネート同士の溶剤接着における乾燥条件と引張せん断強度

11.4 プライマー処理による接着

　プライマー（前処理剤）は接着性を改善させるために多くの場合の接着で用いられてきている．しかし，ポリプロピレンのような無極性の材料は，接着剤だけではまったく接着しないが，ある特別なプライマーを用いると接着するという特異な現象がみられる．その機構はよくわからないが，実用的に興味がある現象なのでここに紹介する．一つの提案[13]はアルキルアミン類をプライマーとしてポリプロピレン表面に塗布すると，エチルシアノアクリレートを接着剤とした場合強い接着力が得られる．

　最も効果のあったプライマーはトリアルキルアミンで，$(CH_3(CH_2)_{17})_2CH_3N$

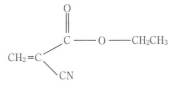

Ethyl cyanoacrylate

137

の構造のアミンがよく、図11.10に示されるように、25 MPa以上の接着強度を与えた。ただし、水分や二酸化炭素があると安定性が乏しくなった。また、塗布するアミンのイソプロピルアルコール溶液濃度も影響を与えていることがわかる。このデータでは塗布、接着後24時間までの安定性は保証されているが、それより長い時間の安定性については示されていない。実用に当たってはさらなる検討が必要と思われる。なお、エチルシアノアクリレートは一液性の接着剤で、空気中の水分によりアニオン重合して迅速に硬化する接着剤としてよく知られている。

同時期に報告された方法であるが、図11.11に示すプライマーがやはりポリプロピレンやポリエチレンの接着に有効であることが示[14]されている。この場合はプライマーをトルエン溶液にしてポリプロピレン表面に塗布後溶媒を揮発除去、エチルシアノアクリレートで接着するものである。接着強度は12

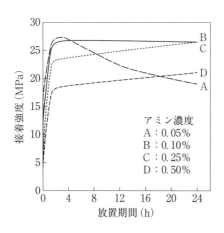

図11.10 ポリプロピレンの接着強度に及ぼすプライマー塗布濃度と放置時間の効果

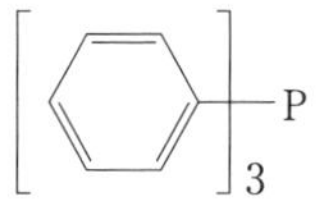

Triphenylphosphine (TPP)

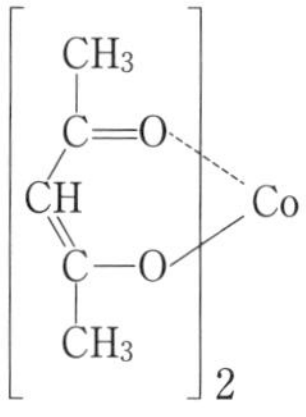

Cobalt acetylacetonate (CaAc)

図11.11 ポリプロピレン用のプライマー

11.4 プライマー処理による接着

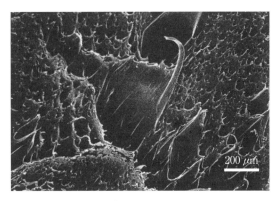

図11.12 ポリプロピレン同士の剥離試験後の破壊面
（プライマーに TPP を使用）

MPa であった．

　なぜ，このようなプライマーが接着力向上に寄与するかについて考察がなされている．それによると，プライマーがこれらポリオレフィンと相溶性があり，ポリマーとプライマーが表面付近で相溶状態になっていると，そこからシアノアクリレートが重合していくので，ポリマーと重合したシアノアクリレートの分子鎖がからみ合いを起こして接着力が生ずるとしている．このため，プライマーを溶かす溶媒はポリオレフィンと同じような溶解パラメータをもったものでなければならない．

　また，プライマー処理後あまり時間が経過すると，プライマーがポリオレフィン中に潜りすぎて接着力が低下する．このように処理に微妙な条件設定が必要であるが，たとえば図11.12に示されるように，ポリプロピレン同士の接着において明らかな凝集破壊を起こすような強力な接着になっていることは驚くべきことである．

〈参考文献〉
1) T. Ogawa, T. Satou, and S. Osawa：J. Adhesion Sci., Japan, **41**, 4（2005）
2) 宮田　剣：日本接着学会誌, **44**, 220（2008）
3) 佐藤　功：溶接学会誌, **78**, No.7, 40（2009）
4) 渥美博安, 阿部留松：静岡県工業技術試験所研究報告, No.2, 141（2009）

5) 水戸岡豊：OPTRONICS, No.11, 102（2011）
6) 坪井明彦：成形加工, **18**, 380（2006）
7) 松本　聡：成形加工, **18**, 391（2006）
8) 青木健一, 坂本智徳：プラスチックエージ, **51**, No.3, 89（2005）
9) 鄭光云（JUNG K. W.）, 川人洋介, 片山聖二：レーザー加工学会誌, **21**, No.2, 89（2014）
10) たとえば精電舎電子工業（株）のカタログ参照（東京都荒川区）, 03-3802-5101
11) 小川俊夫, 佐藤智之, 大澤　敏：日本接着学会誌, **38**, 9（2002）
12) 本間精一：プラスチックス, **57**, No.2, 81（2006）
13) Y. Okamoto and P. T. Klemarczyk：J. Adhesion, **40**, 81（1993）
14) J. Yang, and A. Garton：J. Appl. Polym. Sci., **48**, 359（1993）

付録　X線光電子分析法（XPSまたはESCA）

1. 分析法の原理

　XPSという手法は表面処理時の接着に関係した情報を得る最も優れた手段であるので，ここで概要を述べておく．X線が物質（原子）に照射されると，**図1**に示されるようにいろいろな電磁波が出てくる．このうち光電子とオージェ電子と呼ばれる電子があるが，これらの運動エネルギーを測定して，物質表面の元素の種類やその結合形態を調べる方法がX線光電子分析法[1-3]である．特に光電子（こうでんし）のエネルギーは照射したX線と式(1)の関係がある．

$$E_b = h\nu - E_k - \phi \tag{1}$$

ここでE_kは光電子の運動エネルギー，$h\nu$は照射されるX線のエネルギーを意味し，通常使用されるMgKα線では1253.6 eVの値である．E_bは電子の結合エネルギーで，これがスペクトル上に現れてくる値である．この値は各電子についてすべて知られていて，装置のマニュアルに載っている．また，文献[1,2]には多数のポリマーや化合物について，結合エネルギーが掲載されてい

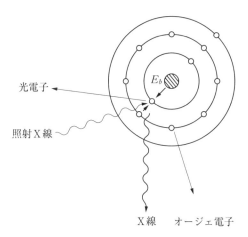

図1　X線を原子に照射したときに検出される電磁波

るので，通常扱うポリマー関連の電子の結合エネルギーは容易に知ることができる．

ϕ は装置の仕事関数であるが，通常は C_{1s} の 285.0 eV という値を基準とするための補正値[3) になる．X 線は材料の非常に深くまで侵入するが，X 線が照射されて出てくる電子の深さは高々 5〜10 nm である．このためこの方法では極表面の元素だけを検出することになる．ポリエチレン（PE）を表面処理したときの X 線光電子スペクトルの例を図 2 に示す．この図では横軸が通常のグラフとは異なった表現で，右側の数値が小さくなっている．しかし，原子軌道から飛び出した光電子の運動エネルギーの側から考えれば，スペクトルの右側ほど大きなエネルギーになる．

XPS の初期の研究者は観測する光電子の運動エネルギーに注目していたので，今でも慣習的に運動エネルギーの大きい側，つまり結合エネルギーの小さい側を右側に表示しているのが一般的になっている．

ところで，図 2 では主に炭素，酸素のピークしか認められない．窒素のピークはわずかに認められるが，水素は 14 eV にピークがあるはずであるが，全くわからない．水素はポリマー中には多数存在するが，H_{1s} の感度は C_{1s} のそれの 1/5000 であるので，検出できない．炭素，窒素，酸素などは原子核のまわりに多数の電子があるので，いくつかのピークが出るはずであるが，感度の加減で，これらの元素では 1S 軌道の電子しか扱わない．

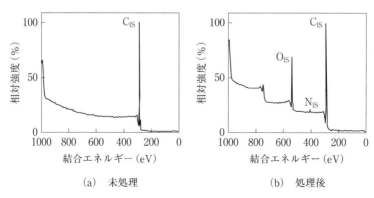

(a) 未処理　　　　　　　　(b) 処理後

図 2　低密度ポリエチエンをコロナ処理したときの PS スペクトル

ピーク面積はそれぞれの元素の感度を考慮すれば，元素の数に比例するので，ピーク面積より元素の割合が求められる．最外殻電子（価電子）は結合状態を知ることのできる有難い電子であるが，みな感度が低く検出困難であるので，内殻の電子を分析に使用せざるを得ない．

LDPE を空気雰囲気中で表面処理したときの窒素量は非常に少なく，$N/(C+O+N)\times100≒1.0～1.5$ atom％程度である．表面酸素量は表面処理の程度で大きく変化し，$O/(C+O+N)\times100≒20$ atom％程度になる．

さらに，電子の結合エネルギーは結合する相手元素によって微妙に変化する．この変化をグループシフトあるいはケミカルシフトと呼ぶが，これを詳細に調べれば，その元素がどのような結合をしているか推定することができる．ただし，赤外吸収スペクトルのような感度はなく，XPS ではカルボキシル基とエステル基，およびケトン基を明確に区別できるほどの分解能はない．水酸基とエーテル基の区別も困難である．ケトン基類とエーテルあるいはアルコール類はピークが重なった部分があるが，かろうじて区別できる．

存在する官能基の量を推定するには，XPS 装置に内蔵されている波形分離のソフトを利用する．ただし，その際官能基がどの位置にピークをもつかは測定者が決定して，入力しなければならない．

ところが，それぞれの官能基のピーク位置を正確に定めたデータはないので，Beamson and Briggs が整理したスペクトル[1]を利用して著者が多変量解析法を利用して求めたピーク値[4]を利用すると便利である．その結果について以下に述べる．

2. ケミカルシフト

官能基の種類によって電子の結合エネルギーが若干変化するが，これは元素のまわりの原子によって影響されるためである．そこで，ここではたとえば炭素の場合（C_{1s}）の影響因子をモデル的に示せば，図 3 のようになる．隣接する黒丸の部分の官能基だけの影響だけで，四角の部分の官能基の影響は受けないと仮定して，多変量解析により官能基のケミカルシフト値を求めた．炭素原子（C_{1s}）について隣接官能基の値（ケミカルシフト値）を示したものが表 1 である．これらの値を使って該当する炭素のピーク位置は式（2）を使って予

付録　X線光電子分析法（XPS または ESCA）

表1　C_{1s} のピークに対する官能基のケミカルシフト値

（●：この印は当該の炭素のケミカルシフト値を示し，式 (1) で $X_i=1$ で β_i にケミカルシフト値を代入すればピーク位置が求められる）

No.	官能基	ケミカルシフト値(eV)	No.	官能基	ケミカルシフト値(eV)
1	$-H$	-0.01	26	$-O-CH_2-R$	$+1.44$
2	$-CH_2-R$	$+0.07$	27	$-O-CH_3$	$+1.45$
3	$-CH_3$	$+0.12$	28	$-O-CH(R_1, R_2)$	$+1.53$
4	$-CH(R_1, R_2)$	$+0.04$	29	$-O-C(R_1, R_2, R_3)$	$+1.34$
5	$-CH(R_1, R_2, R_3)$	$+0.08$	30	$-O-\text{C}_6\text{H}_4-R$	$+1.51$
6	$-CH=C(R_1, R_2)$	-0.04	31	$-O-P(=O)(R_1)(R_2)$	$+1.47$
7	$=CH-R$	-0.39	32	$\equiv N$	$+1.69$
8	$=CH_2$	-0.25	33	$-NH_2$	$+0.84$
9	$=C(R_1, R_2)$	-0.33	34	$-NO_2$	$+0.66$
10	phenyl	-0.14	35	$-NO_3$	$+2.59$
11	$\text{C}_6\text{H}_4-CH_3$	-0.10	36	$-N(R_1, R_2)$	$+0.67$
12			37	$-F$	$+2.61$
13	C_6H_4-OH	-0.10	38	$-CHFR$	$+0.39$
14	C_6H_4-O-R	-0.20	39	$-CF_2R$	$+0.94$
15	$\text{C}_6\text{H}_4-C(=O)-R$	-0.32	40	$-CF_3$	$+0.62$
			41	$-Cl$	$+1.77$
16	$\text{C}_6\text{H}_4-O-C(=O)-R$	-0.11	42	$-CCl_2R$	$+0.60$
17	naphthyl-CH (substituted naphthalene)	-0.10	43	C_6H_4-Cl	-0.10
18	$-C(=O)-R$	$+0.40$	44	C_6H_4-Br	-0.10
19	cyclohexyl-NO_2	-0.10	45	$-S-R$	$+0.50$
20	cyclohexyl-$NH-R$	$+0.02$	46	$-SO_2-R$	$+0.62$
21	pyridyl	-0.10	47	$-Si(R_1, R_2, R_3)$	-0.56
22	$-C\equiv N$	$+1.24$	48	●phenyl	-0.35
23	$-OH$	$+1.59$	49	●naphthyl	-0.21
24	$=O$	$+2.56$	50	●cyclohexyl	$+0.04$
25	$-O-C(=O)-R$	$+1.61$	51	●C_6H_4-●OR	$+0.15$

No.	官能基	ケミカルシフト値(eV)	No.	官能基	ケミカルシフト値(eV)
52	—C₆H₄—CH₃	−0.26	60	pyridyl (3-)	+0.51
53	—C₆H₄—N(R₁, R₂)	+0.14	61	—C₆H₄—Cl (o)	−0.29
54	—C₆H₄—C(=O)—R	+0.14	62	—C₆H₄—Cl (o)	−0.77
55	pyridyl	+0.42	63	—C₆H₄—Cl (m)	−0.33
56	pyridyl	+0.83	64	—C₆H₄—Cl (m)	−0.69
57	pyridyl	+1.20	65	—C₆H₄—Cl (p)	−0.31
58	pyridyl	+1.02	66	—C₆H₄—Cl (p)	−0.77
59	pyridyl	+0.45	67	—C₆H₄—S—R	−0.27

[計算例]

Poly(vinylethyl ketone)

$$-[CH_2-CH(-C(=O)-CH_2-CH_3)]_n-$$

上記高分子のカルボニル基の炭素のピーク位置予測：
　　284.98＋(CH<)＋(=O)＋(CH₃CH₂-)＝284.98＋0.04＋2.56＋0.07＝287.7 eV
実測値　287.8 eV
予測値と実測値はよく一致している．

付録　X線光電子分析法（XPSまたはESCA）

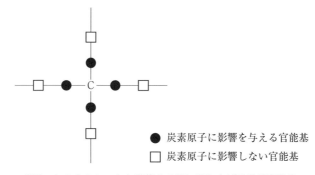

● 炭素原子に影響を与える官能基
□ 炭素原子に影響しない官能基

図3　ケミカルシフトを計算する際に取り上げる隣接官能基

測することができる．

$$\text{炭素のピーク位置 (eV)} = 284.98 + \sum X_i \beta_i \qquad (2)$$

ここに X_i は該当する炭素のまわりの個々の官能基の個数で，通常は1であり，β_i は個々の官能基のケミカルシフト値である．表1の下部に具体的な計算例を示す．ピークが分離できていなくて，いくつかのピークが重なっていると思われる場合は，この方法でピーク位置を決めて波形分離をして生成官能基量を推定することができる．

同様な考え方で酸素原子（O_{1s}）や窒素原子（N_{1s}）にも適用できる．それぞれに対するケミカルシフト値を**表2**，**表3**に示してある．酸素原子に対する予測式は式 (3) に，窒素原子に対するそれは式 (4) で示される．ただ，酸素原子，窒素原子に対するケミカルシフト値は炭素原子に対する値より小さく，また相関係数も小さいので，その点を配慮して利用することが必要である．

$$\text{酸素のピーク位置 (eV)} = 532.0 + \sum X_i \beta_i \qquad (3)$$

$$\text{窒素のピーク位置 (eV)} = 399.0 + \sum X_i \beta_i \qquad (4)$$

ところで，X線光電子分析法はかなりの真空中で測定が行われる（通常 $10^{-6} \sim 10^{-8}\,\text{Pa}$）．このため湿気のある試料や油のついたような試料の測定はそのままではできない．このような場合は何らかの前処理が必要である．

付録　X線光電子分析法（XPSまたはESCA）

表2　O_{1s}ピークに対する官能基のケミカルシフト値
（＝C＜はO＝C＜の構造におけるOに対するケミカルシフト値）

No.	官能基	ケミカルシフト値(eV)	No.	官能基	ケミカルシフト値(eV)
1	$-CH_2-R$	0.403	13	=C(CHR_2)(NHR)	0.651
2	$-CHR_2$	0.470			
3	$-CH_3$	0.449			
4	$-H$	0.481	14	$-NO_2$	0.450
5	=C(CHR_2)(CHR_2)	0.333	15	=C(NHR)(OR)	-0.100
6	=C(CHR_2)(O-CHR_2)	0.204	16	=C(NHR)(NHR)	-0.591
7	=C(CHR_2)(OH)	0.190	17	$-SO_2R$	-0.331
8	$-C(O)-R$	1.154	18	$-\text{Ph}-SO_2R$	1.299
9	$-CR_3$	0.449	19	$-SiR_3$	-0.001
10	$-\text{Ph}-CR_3$	0.945	20	$-CH-CH_2$(O環)	1.130
11	$-\text{Ph}(CH_3)_2-R$	0.980	21	=C(O-R)(O-R)	0.440
12	=C(CHR_2)(NH_2)	0.451	22	=C(Ph)(Ph)	-0.750
			23	$-\text{Ph}-O-R$	0.175

[計算例]

Poly(propylene glycol)　$*-[-(CH_2)_3-O-]_n-*$

結合エネルギー $=532.0+0.403\times2=532.8$ eV

実測値$=532.7$ eV（Polypropylene glycol）
　　　　532.8 eV（Polyethylene glycol）

表3 N_{1s} ピークに対する官能基のケミカルシフト値

No	官能基	ケミカルシフト値（eV）
1	－H	0.068
2	－CH$_2$－R	0.001
3	≡C－R	0.570
4	－C(O)－R	0.758
5	－CHR$_2$	0.121
6	－⟨⌬⟩－OR	0.083
7	⟨⌬⟩－NR$_2$	－0.117
8	－CR$_3$	0.435
9	－⟨⌬⟩•	1.099
10	－⟨⌬⟩－CH$_2$R	0.278

［計算例］

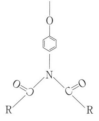

N_{1s} の結合エネルギー＝399.0＋0.758×2＋0.083＝400.6 eV

実測値　400.6 eV（Polyimide, Kapton）

3. 化学修飾法による官能基分析

上述したような波形分離の方法で,表面処理したときの官能基量を求めるのは,非常に簡単である.生成官能基の種類が明確にわかっている場合はよいが,定量値の信頼性が低い場合がある.この場合は,目的の官能基と反応する特定の化合物で化学修飾しておく.そして特定の化合物中に含まれる元素量,多くはフッ素原子であるが,フッ素の量を定量することによって,生成官能基量を求める.

これら化学修飾法[5-7]の反応式を**表4**にまとめて示す.XPSで得られた当該の元素量から官能基量を求める式を整理して**表5**に示しておく.

このときに問題になるのは,反応率 r である.この値は官能基量が明確にわかっている材料を用いて,前もって求めておかねばならない.たとえば水酸基ならばポリビニルアルコール,カルボキシル基であればポリアクリル酸で測定しておく.著者の経験では反応率は 0.7〜0.9 であった.必要な反応時間は反応の種類にもよるが,室温で12時間以上かければ十分である.

いずれの方法も溶液で処理してはならない.かならず気相で処理する.著者らはセパラブルフラスコの中の金網でできた架台の上にシャーレを置き,架台の下側に試験片を置く.反応試薬をセパラブルフラスコ上部の口からシリンジでシャーレに滴下して密封状態で反応させる.

液相による反応法も文献には散見されるが,処理の際表面汚染が激しく正しい値が得られない可能性が高い.また,アミノ基が存在すると,試薬が水酸基とアミノ基に同時に反応するものが多いので定量が正確でなくなる.エポキシ基を測定する塩化水素はアミノ基とも反応するのでこの場合も問題が生ずる.このように化学反応を利用する方法も長所ばかりでなく,短所もあり,万能であるわけではないが,波形分離法よりも一般に信頼度は高い.

付録　X線光電子分析法（XPSまたはESCA）

表4　官能基検出のための化学修飾法

官能基	反応	検出ピーク（eV）
Hydroxy	$R-OH + CF_3CO_2O \longrightarrow R-OCO-CF_3 + CF_3COOH$	F_{1s}, 686
Carboxyl	$R-COOH + CF_3CH_2OH + C_6H_{11}NCNC_6H_{11}$ $\longrightarrow R-COOCH_2CF_3 + C_6H_{11}NHCONHC_6H_{11}$	F_{1s}, 686
Amino	$R-NH_2 + C_6F_5CHO \longrightarrow R-N=CH-C_6F_5 + H_2O$	F_{1s}, 686
Carbonyl	$R_2CO + C_6F_5NHNH_2 \longrightarrow R_2C=NHC_6F_5$	F_{1s}, 686
Epoxy	$\underset{\text{—CH—CH—}}{\overset{O}{\diagup\diagdown}} + HCl \longrightarrow \underset{\text{—CH—CH—}}{\overset{H\ \ \ \ Cl}{\mid\ \ \ \ \ \mid}}$	Cl_{1s}, 200
Peroxide	$-CH_2-OOH + SO_2 \longrightarrow -CH_2-O-SO_3H$	S_{2s}, 229

表5　XPSの測定値から官能基を求めるための式

官能基	官能基が付加した炭素の割合，x
Hydroxy	$\dfrac{F}{(3C-2F)r}$
Carboxyl	$\dfrac{F}{(3C-2F)r}$
Amino	$\dfrac{F}{(5C-7F)r}$
Carbonyl	$\dfrac{F}{\sqrt{(5C-6F)r}}$
Epoxy	$\dfrac{Cl}{C\cdot r}$
Peroxide	$\dfrac{S}{C\cdot r}$

ここに，F, C, Cl, S はXPSで得られたそれぞれの元素の定量値（面積ではない），r は反応率．

〈参考文献〉

1) G. Beamson and D. Briggs：High Resolution XPS of Organic Polymers, John Wiley & Sons Ltd. (1992), England
2) J. F. Moulder, W. F. Stickle, P. E. Sobol, and K. D. Bomben：Handbook of X-ray Photoelectron Spectroscopy, ULVAC-PHI, Inc. (1992), Japan
3) 日本表面科学会編：X線光電子分光法，丸善（1998）
4) 小川俊夫，池上正晃：第72回分析化学討論会，C2003（鹿児島大学，2012.5.20）
5) J. M. Pochan, L. J. Gerenser, and J. F. Elman：Polymer, **27**, 1068（1986）
6) C. D. Batich：Appl. Surf. Sci., **32**, 57（1988）
7) Y. Nakayama, T. Takahagi, and F. Soeda：J. Polym. Sci., Part A, **26**, 559（1988）

索　引

〈ア 行〉

アーク（雷）放電……………65,88
アミノ基………………………110
アルキルアミン類……………137
アルミニウム板………………132
イソシアネート基……………109
イソシアネート処理……………30
イトロ処理……………………101,106
イミド型…………………………55
エチルシアノアクリレート…………137
エチレン・ビニルアセテート共重合体
　………………………………62,94
エポキシ基……………………109
エンジニアリングプラスチック………95

〈カ 行〉

界面張力…………………………7
火炎処理…………………………99
化学吸着………………………114
化学結合…………………………13
化学結合力………………………23
化学修飾法……………………103,149
化学的方法………………………30
架　橋……………………………55
過酸化物………………………124,126
ガスクロマトグラフィー質量…………55
家庭用電子レンジ………………73
カーボンブラック………………131
カルボキシル基…………17,43,103,106

カルボニル基……………………42,106
官能基……………………………17
官能基分析………………………149
官能基量…………………………43
境界表面張力……………………27
極性成分…………………………7
空気コロナ処理…………………57
空　隙……………………………3
グラフト化………………………119,121
経時変化…………………………44,105
ケミカルシフト…………………143
鋼　板……………………………124,132
碁盤目テスト法…………………52
コロナ……………………………33
コロナ処理………………………33

〈サ 行〉

酸化防止剤………………………25
紫外線……………………………91
紫外線吸収剤……………………25
色　素……………………………131
常圧プラズマ処理………………81
シランカップリング剤……………109,112
シランカップリング剤処理………30
親水性……………………………109
水酸基……………………17,42,103,106,110
水素結合…………………………12
水　分……………………………4
脆弱層……………………………24
接触角……………………………5,10

絶対湿度	39
接着機構	115
接着のシミュレーション	19
接着の条件	3
接着の妨害因子	24
接着力	12, 20
相対湿度	39

〈タ 行〉

大気圧プラズマ処理	81
多官能基	75
窒素コロナ処理	50
窒素プラズマ処理	67, 70
窒素雰囲気処理	51
低圧プラズマ処理	65, 66
低分子化酸化物	46
低分子酸化物	46
低密度ポリエチレン	36
添加剤	25
電荷ユニット	17
電極形状	35
電子線照射	121
電磁波	141
電子レンジ	72
銅箔	59, 61, 112
トータルイオンクロマトグラム（TIC）	55
トリアルキルボラン	126
塗料の付着性	76

〈ナ 行〉

ナイロン	18
二酸化炭素雰囲気	72
ぬれ	5, 6
ぬれ試薬	8
熱可塑性樹脂	1

熱溶着	129
熱溶着条件	133

〈ハ 行〉

剥離強度	39, 75
剥離試験	39
波形分離	42, 143
パルス放電	83
反応率	149
ヒートシール	129
ビニルアセテート含量	62
ビニル基	109
表面脆弱層	95
表面組成	10
表面張力	5, 6
不活性ガス	48, 86
吹き出し型コロナ処理	40
付着力	78
物理吸着	114
物理的方法	29
プライマー	137, 139
プラスチック	1
プラズマ流	89
プロパンガス	99
雰囲気ガス	48
雰囲気湿度	39
分散力成分	7
分子間力	12
分子鎖切断	42
分子切断	44, 55, 61
芳香族イミド	95, 110
芳香族ポリイミド	58
ポリアクリル酸	149
ポリイミド	121
ポリエチレン	9, 16, 40, 43, 66, 103, 123
ポリエチレンテレフタレート	

················· 9, 57, 92, 133
ポリ塩化ビニル························· 132
ポリカーボネート······················· 131
ポリテトラフルオロエチレン··········· 122
ポリビニルアルコール··················· 149
ポリフェニレンサルファイド············ 95
ポリブチレンテレフタレート······ 95, 133
ポリプロピレン···········9, 10, 40, 46, 76,
92, 101, 123, 127, 130

〈マ 行〉

メタクリル基······························ 139
メタンガス································· 99
メチルメタクリレート··················· 127
メルカプト基······························ 109

〈ヤ 行〉

溶解パラメータ······················ 20, 139

溶剤接着··································· 135

〈ラ 行〉

ラジカル······························ 69, 120
臨界表面張力······························ 28
リン酸基··································· 19
レーザ溶着································ 129
ロボット······························· 89, 99

〈英 名〉

DPPH······································· 70
HDPE······································· 66
LDPE························ 36, 40, 44, 66, 75
X 線······································· 141
Zisman plot······························· 28
γ-アミノプロピルトリメトキシシラン
·· 111

〈著者紹介〉

小川　俊夫　（おがわ　としお）
　　1940年　　千葉県市川市に生まれる
　　1967年　　横浜国立大学大学院工学研究科修士課程修了
　　〜1985年　宇部興産株式会社枚方研究所勤務
　　　　　　（この間京都大学稲垣博教授およびミシガン分子研究所(米国)のH. Elias所長
　　　　　　の下で高分子の重合とキャラクタリゼーション等の研究に従事）
　　1985年　　金沢工業大学教授
　　専門分野　高分子材料科学
　　主　著　　「工学技術者の高分子材料入門」共立出版，1993
　　　　　　　「高分子材料化学」共立出版，2009
　　　　　　　「うるしの科学」共立出版，2014
　　現　在　　金沢工業大学名誉教授，工学博士（京都大学，1976年）
　　　　　　　高分子学会フェロー
　　　　　　　日本接着学会終身会員
　　　　　　　日本分析化学会永年会員

プラスチックの表面処理と接着

2016年7月10日　初版1刷発行

検印廃止

著　者　小川　俊夫　Ⓒ 2016
発行者　南條　光章
発行所　共立出版株式会社

　　〒112-0006　東京都文京区小日向4丁目6番19号
　　電話　03-3947-2511
　　振替　00110-2-57035
　　URL　http://www.kyoritsu-pub.co.jp/

一般社団法人
自然科学書協会
会　員

印刷：真興社／製本：協栄製本
NDC 578.47／Printed in Japan

ISBN 978-4-320-04451-7

JCOPY ＜出版者著作権管理機構委託出版物＞
本書の無断複製は著作権法上での例外を除き禁じられています．複製される場合は，そのつど事前に，
出版者著作権管理機構（TEL：03-3513-6969，FAX：03-3513-6979，e-mail：info@jcopy.or.jp）の
許諾を得てください．

高分子学会 編集

高分子基礎科学 One Point
全10巻

【編集委員会】
渡邉正義(委員長)／斎藤 拓・田中敬二・中 建介・永井 晃

本シリーズは，高分子精密合成と構造・物性を含めた全10巻から構成される。従来1冊の教科書を10冊に分け，各巻ごとに一テーマがまとまっているため手軽に学びやすく，また基礎から最新情報までが平易に解説されているので初学者から専門家まで役立つものとなっている。【各巻：B6判・100〜152頁・並製ソフトカバー・本体1,900円(税別)】

❶ 精密重合Ⅰ：ラジカル重合

上垣外正己・佐藤浩太郎著

ラジカル重合の基礎／ラジカル重合の立体構造制御／ラジカル共重合の制御／リビングラジカル重合／リビングラジカル重合による精密高分子合成

❷ 精密重合Ⅱ：イオン・配位・開環・逐次重合

中 建介編著

高分子の合成反応(立体特異性重合他)／アニオン重合(リビングアニオン重合他)／カチオン重合／開環重合(カチオン開環重合他)／配位重合／逐次重合

❸ デンドリティック高分子

柿本雅明編集担当

デンドリマーの合成／ハイパーブランチポリマーの合成／星型ポリマーの合成／グラフトポリマー・高分子ブラシの合成／環状高分子の合成

❹ ネットワークポリマー

竹澤由高・高橋昭雄著

熱硬化性樹脂の基礎科学／バイオマス由来熱硬化性樹脂／配向制御による高次構造制御と機能発現／共有結合密度制御による高次構造制御と機能発現／他

❼ 構造Ⅰ：ポリマーアロイ

扇澤敏明著

ポリマーアロイとは／相溶性／相分離挙動と構造／相分離構造制御／異種高分子界面／相分離構造の評価／ブロック，グラフト共重合体／他

❽ 構造Ⅱ：高分子の結晶化

奥居徳昌著

高分子単結晶(高分子単結晶の形態он)／高分子結晶の集合組織(伸びきり鎖結晶他)／高分子の結晶化機構／結晶の熱的性質／結晶の力学的性質

❾ 物性Ⅰ：力学物性

小椎尾 謙・高原 淳著

高分子の特徴と力学特性／融点，ガラス転移，結晶化／ゴム弾性／高分子の粘弾性／高分子の塑性変形／破壊現象／摩擦・摩耗とスクラッチ特性／他

―― 続刊予定 ――

⑤ ポリマーブラシ
　　　　　　辻井敬亘・大野工司著
⑥ 高分子ゲル
　　　　　　　　　　宮田隆志著
⑩ 物性Ⅱ：高分子ナノ物性
　　　　　田中敬二・中嶋 健著

共立出版

(価格は変更される場合がございます)

http://www.kyoritsu-pub.co.jp/

高分子学会 編集

最先端材料システム
One Point 全10巻

【各　巻】
B6判・114～144頁
並製ソフトカバー
本体1,700円(税別)

【編集委員】
渡邉正義(委員長)／加藤隆史・斎藤　拓・芹澤　武・中嶋直敏

科学の世界の進歩は著しく，材料，そしてこれを用いた材料システムは日進月歩で進化している。しかし，その底辺を形作る基礎の部分は普遍なはずである。この「One Point シリーズ」は今話題の最先端の材料・システムに関するホットな話題を提供するもので，「手軽だが内容濃く」をコンセプトに編纂。

❶カーボンナノチューブ・グラフェン
ナノカーボンとは／カーボンナノチューブの構造，特性／カーボンナノチューブの可溶化／カーボンナノチューブの電子準位／SWNTのカイラリティ分離‥‥‥‥他

❷イオン液体
イオン液体とは何か：特徴とその原点／分離・精製プロセスへの応用／合成・触媒反応への適用／高分子の重合および解重合／バイオリファイナリーへの展開‥‥‥‥他

❸自己組織化と機能材料
自己組織化と機能材料／自己組織化と機能形成（高分子／液晶／薄膜／コロイド・ゲル他）／自己組織化と機能（光／電子／イオン／力学／界面／ナノバイオ）‥‥‥‥他

❹ディスプレイ用材料
光学特性の基礎／ディスプレイの原理と構成部材／偏光フィルム／位相差フィルム／透明基板材料／フレキシブルエレクトロニクス材料／反射防止材料／タッチパネル他

❺最先端電池と材料
最先端電池の材料化学／リチウム二次電池の正極材料／リチウム二次電池の負極材料／リチウム二次電池の電解質／セパレータ／有機ラジカル電池／次世代電池‥‥‥他

❻高分子膜を用いた環境技術
環境技術を支える高分子膜／二酸化炭素の分離・回収／揮発性有機化合物(VOC)の分離・回収／水処理技術／バイオエタノールの濃縮／水素ガス精製‥‥‥‥‥他

❼微粒子・ナノ粒子
微粒子・ナノ粒子とは（微粒子・ナノ粒子の定義，研究の歴史，基礎科学他）／微粒子・ナノ粒子の合成と材料化／微粒子・ナノ粒子の応用／微粒子・ナノ粒子の将来‥‥‥他

❽フォトクロミズム
フォトクロミズム（はじめに／フォトクロミズムの歴史）／ジアリールエテン／アゾベンゼン／ヘキサアリールビイミダゾール／スピロピラン／ナフトピラン化合物‥‥‥‥他

❾ドラッグデリバリーシステム
DDSとは何か(DDSとは／空間的制御／時間的制御：薬の制御放出システム，刺激応答型薬物放出システム)／量的制御／部位的制御／時間的制御／遺伝子治療とDDS‥‥‥‥他

❿イメージング
イメージングとは何か／生体分子および生体反応のイメージング（核酸／タンパク質／脂質・糖質／生理活性小分子）／医療とイメージング（MRI／PET／SPECT 他）‥‥他

（価格は変更される場合がございます）　　**共立出版**　　http://www.kyoritsu-pub.co.jp/

高分子材料化学
Materials Chemistry of Polymers

小川俊夫 著

A5判・158頁・並製本
定価(本体2,200円+税)

1926年にドイツのシュタウディンガーが高分子説を提唱して以来すでに80年が経過した。人の世代交代も3世代目に入っており，高分子に対する見方も当初の頃から大きく様変わりした。高分子は今やどこにでもある材料である。
「高分子とは何か」というような，大上段からの議論よりも，まずは高分子の全体像を知識として吸収してから，徐々に詳しい議論をしてゆく方が現在置かれている高分子の状況をよく理解できるのではなかろうか。本書は，まず高分子の概要を工学部の学生に理解していただくことを念頭に置いて執筆した。また，高分子を扱っている技術者は工業のあらゆる分野に及んでいるのが現状である。これらの方々にもまずは高分子の全体像を把握してもらうのに本書は役立つのではないかと考えている。《「まえがき」より抜粋》

※価格は変更される場合がございます※

●●●●●主要目次●●●●●
高分子名の主な省略記号

第1章 高分子概論
材料の歴史／高分子の歴史／原料／モノマーから高分子へ／生産量／用途／天然高分子

第2章 合成法
重合形式／ラジカル重合／イオン重合／配位重合／開環重合／重縮合反応／重付加反応／重付加縮合反応

第3章 性質
力学的性質（静的性質／粘弾性的性質／耐衝撃性／硬さ／力学的異方性）／電気的性質／熱的性質（融点と結晶化度／ガラス転移点／熱伝導率）／溶解性／気体透過性／耐久性（耐熱性／力学的耐久性／耐候性）

第4章 表面の性質と改質
表面張力／ぬれ性／表面改質（物理的手法／化学的手法／撥水化）

第5章 高分子の種類と用途
プラスチック（熱可塑性樹脂／生分解性高分子／熱硬化性樹脂）／ゴム／塗料／合成繊維／接着剤（接着剤の種類／接着強度）／その他機能性材料(生体医用材料／高吸水性材料／分離膜)

第6章 天然高分子
セルロース／デンプン／タンパク質／その他天然高分子

第7章 添加剤
充填剤／可塑剤／酸化防止剤／紫外線吸収剤／難燃剤／帯電防止剤／着色剤

第8章 成形法
射出成形法／押出成形法／圧縮成形法

演習問題解答／索　引

共立出版
http://www.kyoritsu-pub.co.jp/